FRANCE MÉRIDIONALE. — RÉGION DU SUD-OUEST.

ZONE AQUITANIQUE.

DÉPARTEMENT DE LA GIRONDE.

ESSAI

SUR LA

DISTRIBUTION GÉOGRAPHIQUE,

OROGRAPHIQUE ET STATISTIQUE

DES MOLLUSQUES

TERRESTRES ET FLUVIATILES VIVANTS

DE CE DÉPARTEMENT;

PAR M. LE Dr DE GRATELOUP.

IMPRIMERIE **TH. LAFARGUE,** LIBRAIRE,
INPRIMEUR-LIBRAIRE,
RUE *Rue Puits de Bagne-Cap, N. 8,* 8.
A BORDEAUX.

1858-1859.

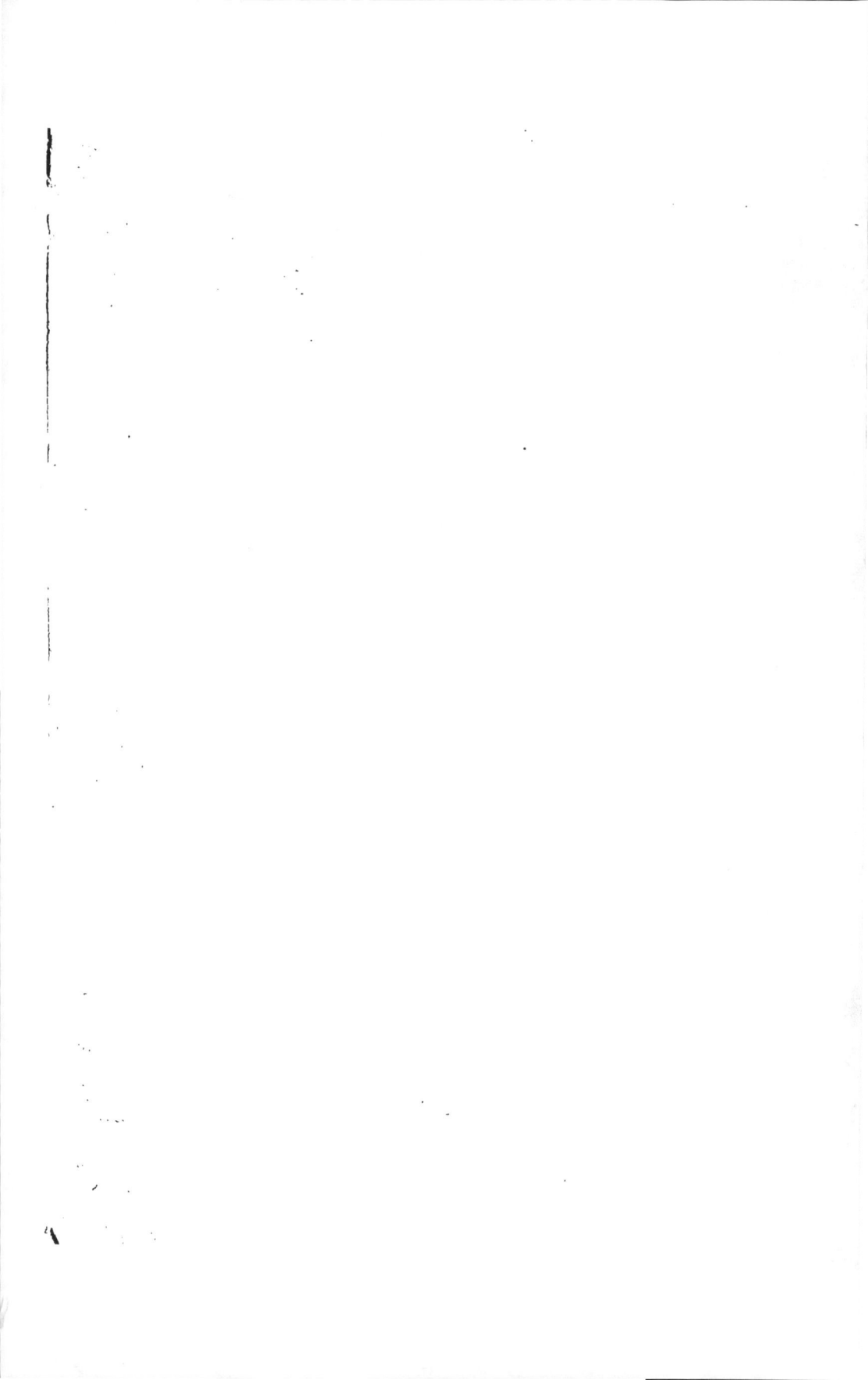

FAUNE MALACOLOGIQUE

GIRONDINE.

C.

FRANCE MÉRIDIONALE. — RÉGION DU SUD-OUEST.

ZONE AQUITANIQUE.

DÉPARTEMENT DE LA GIRONDE.

ESSAI

SUR LA

DISTRIBUTION GÉOGRAPHIQUE,

OROGRAPHIQUE ET STATISTIQUE

DES MOLLUSQUES

TERRESTRES ET FLUVIATILES VIVANTS

DE CE DÉPARTEMENT;

PAR M. LE Dr DE GRATELOUP.

BORDEAUX.

IMPRIMERIE DE TH. LAFARGUE, LIBRAIRE,

RUE PUITS DE BAGNE-CAP, 8.

—

1858.

1859

INTRODUCTION.

N'y a-t-il pas de la témérité à oser traiter un sujet qui l'a déjà si bien été par un des plus célèbres naturalistes? Mon respectable ami, M. Charles Des Moulins, a publié, en 1827, dans les *Bulletins* de la Société Linnéenne de Bordeaux, le Catalogue raisonné des Mollusques terrestres et fluviatiles vivants du département de la Gironde. Des suppléments ont été depuis ajoutés à ce travail consciencieux, soit par lui, soit par MM. Gassies et Fischer, deux naturalistes d'un mérite éminent.

Cet ouvrage est donc aussi complet qu'il soit possible de le désirer; et je me demande si une nouvelle Faune de ce département ne sera pas une œuvre inutile et, pour ainsi dire, oiseuse.

En me décidant à publier aujourd'hui un Essai, dont j'ai conçu le dessein depuis très-longtemps et que j'ai envisagé sous des points de vue différents de ceux de mon illustre ami, j'ai pensé qu'une distribution géographique, orographique et statistique des Mollusques de la Gironde pourrait offrir quelque intérêt et me servir d'excuse.

M. le professeur Raulin et moi nous avons publié, en 1855, deux tableaux sur la distribution géographique et statistique des Mollusques de la France, à l'état vivants et fossiles. Nous avons posé dans ces tableaux des règles qui nous ont semblé utiles pour servir à ériger des Faunes malacologiques spéciales ou régionnaires des contrées ou des départements sur lesquels il n'a rien été écrit.

Ce seront ces règles ou principes que je suivrai dans cette Faune girondine.

A Dieu ne plaise que j'aie la prétention de présenter un modèle de rédaction (1)! Mon but est simplement d'exposer le dénombrement des espèces et variétés des Mollusques qui vivent dans les principales régions géographiques d'un des plus beaux et des plus riches départements maritimes de la France méridionale.

A l'époque où M. Ch. Des Moulins publia son Catalogue,

_____

(1) Laissons à M. Gassies, si connu par d'excellents ouvrages, le soin d'accomplir cette tâche difficile. J'ai la confiance qu'étant sur le point de publier un nouveau Catalogue des Mollusques girondins, il nous donnera ce modèle.

les conchyliologistes s'occupaient peu de ces sortes de distributions ou de répartitions d'espèces. On donnait une faible attention aux influences des agents physiques ; à peine citait-on les stations botaniques et géologiques. Tout se bornait presque à l'indication des localités particulières, connues sous le nom d'*habitat*, circonstances d'ailleurs bien importantes ; l'objet essentiel se dirigeait vers les classifications zoologiques, les descriptions spécifiques, les synonimes, etc., considérations également d'un véritable intérêt.

La Faune géographique girondine que je donne, sera basée encore sur les résidences privilégiées et diversifiées des Mollusques, soit pour les végétaux, soit pour la nature des terrains, attendu qu'elles sont des conditions d'existence de la plus haute importance, car le *pabulum vitæ* s'y trouve. Je ne négligerai pas non plus les autres conditions chimiques, climatologiques, hypsométriques, etc., qui influant sur ces animaux, peuvent mieux faire connaître leurs mœurs, leurs habitudes, leurs facultés instinctives, et nous éclairer en même temps sur les lois qui président à leurs modifications et à leur dispersion.

D^r DE GRATELOUP.

Bordeaux, Octobre 1858.

DÉPARTEMENT DE LA GIRONDE.

CHAPITRE PREMIER.

GÉNÉRALITÉS GÉOGRAPHIQUES, HYDROGRAPHIQUES, OROGRA-
PHIQUES, CLIMATOLOGIQUES QUI INTÉRESSENT L'ÉTUDE DES
MOLLUSQUES GIRONDINS.

Situation géographique. Le département de la Gironde
appartient à la région du Sud-Ouest de la France méridionale et fait partie de la zône Aquitanique, Pyrénéo -
Océanienne.

Il prend son nom du mouvement gyratoire ou tournoye-
ment des eaux, qui se fait à la jonction du fleuve de la
Dordogne et de la Garonne, à leur confluent au Bec-d'Ambès :
Girus undœ.

Limites. Au Nord, ce département est limité par celui
de la Charente-Inférieure ; à l'Est, par ceux de la Dordogne
et de Lot-et-Garonne ; au Sud, par le département des Landes, et à l'Ouest, par l'Océan.

Le département de la Gironde est formé d'une portion de
la province de la Guienne, du Bordelais en entier, d'une

partie du Périgord et de l'Agenais et de la totalité du Bazadais.

Position astronomique. Il est situé entre les 44°, 50', 19"
latitude N. et entre les 2°, 54', 56" longitude O.

Superficie. Son aréa est de 995,895 hectares, 2,843 milles
carrés ou 9,751 kilomètres carrés.

Hydrographie. Se trouve enclavé en grande partie dans le
bassin de la Garonne qui le partage vers le milieu en deux
grandes portions, et par le golfe de Gascogne à l'Ouest. Vers
le Sud, le long du littoral, le département reçoit les eaux
de la Leyre, affluent du bassin d'Arcachon; vers l'Orient, il
est arrosé par la Dordogne, ensuite par les rivières du Drot,
de Liron, affluents de la Garonne; puis par les rivières de
l'Isle, de la Dronne, affluents de la Dordogne; et enfin par
les étangs de Carcans, de la Canau, de Cazau, affluents du
bassin d'Arcachon et de l'Océan.

Orographie. Le pays en général est bas et rentre dans la
région des plaines; il se subdivise en plusieurs territoires ou
régions naturelles. Voici les principales :

1° *Région occidentale.* Elle est aplatie, stérile, couverte
de bruyères ; ce sont les Landes Girondines qui règnent,
depuis les portes de Bordeaux, sur la rive droite de la
Garonne, jusqu'au département des Landes; le sol en est
sablonneux à la surface, ferrugineux ou tufacé en dessous,
surtout près des côtes de la mer.

Cette région arénacée offre néanmoins çà et là des oasis,
ou steppes bien cultivées et de vastes forêts de pin maritime,
sur la lisière Océanienne.

2° *Région médoquine.* Sur la rive gauche de la Garonne on
voit un autre territoire, assez étendu, depuis Blanquefort jusqu'à Lesparre, plus élevé et couvert de vignobles : c'est la
région du Médoc; la patrie des vins exquis et en grande
renommée. Le sol est graveleux, caillouteux, diluvionnel.

On le désigne par le nom de *Graves ;* ces graviers sont généralement des cailloux roulés de quartz blanc ou jaunâtre.

3° *Région Boréo-orientale.* Une contrée bien différente, d'un aspect pittoresque, et agréablement accidentée, se présente sur les rives de la Dordogne et de la Garonne, vers le Nord et l'Orient du département. On l'appelle l'*Entre-deux-Mers*, étant enclavée entre les deux fleuves.

Cette région est montagneuse, couverte de collines, de plateaux, de charmants coteaux très-fertiles et parfaitement cultivés en céréales, en prairies, bois taillis, et offre aussi des arbres forestiers de toutes les essences. Cette région montueuse s'étend depuis le Blayais jusqu'à l'extrémité orientale du département ; elle repose sur un terrain de calcaire tertiaire, très-dur, compact, appartenant aux étages miocéniques inférieurs et éocéniens ; présentant des sommets escarpés, la roche à nu, ayant des anfractuosités, des fissures légèrement inclinées et des cavernes assez étendues provenant de l'extraction de la pierre à bâtir.

Le sol, sur les versants et dans les vallons, y est ferme, argilo-marneux, d'une grande fertilité et couvert d'une riche végétation.

4° *Région maritime.* La quatrième région départementale enfin, est celle du Littoral océanien, faisant partie du golfe Aquitanique ou de Gascogne.

Ce Littoral s'étend du Nord au Sud, depuis la Pointe-de-Graves jusqu'à l'étang de Cazau, sur une longueur de 12 myriamètres (28 lieues).

Le sol est essentiellement sablonneux ; le sable est pur, siliceux.

Il règne, sur l'étendue de ce littoral, plusieurs chaînes de collines sablonneuses arrondies : ce sont les *dunes* dont un grand nombre dans l'intérieur des terres sont ensemencées et couvertes de pins maritimes.

La côte océane, à l'ouest du département, se fait remarquer, ainsi que je l'ai fait observer, par une série d'étangs d'eau douce, provenant du plateau des landes, et dont les principaux sont ceux de Cazau, de la Canau, de Carcans, versant leurs eaux dans le superbe bassin d'Arcachon. Celui-ci reçoit les eaux de la mer et est sujet aux marées. Tout autour de ce vaste bassin, il existe des marais salants.

Hypsométrie. Les altitudes du département sont, pour les plus grandes, de 138ᵐ et, pour les plus petites, d'environ 8ᵐ à Bordeaux, au-dessus du niveau de l'Océan.

C'est à M. Raulin, l'un des premiers Géologues de notre époque que sont dus les travaux de nivellement barométrique les plus exacts de l'Aquitaine, en général, et du bassin de la Gironde en particulier. J'emprunte à son excellent ouvrage, publié en 1848, les altitudes des divers points les plus remarquables de ce département.

1° VALLÉE DE LA DORDOGNE.

La plaine, à l'Ouest de Castillon. . . . . . 25ᵐ (Raulin.)
La rivière, sous le pont de Sainte-Foy. . . 5   —
La plaine, à 3 kil. au-dessous de Sainte-Foy. 13   —
La plaine, à 3 kilom. au Sud de Sainte-Foy. 17   —

2° VALLÉE DE L'ISLE.

La rivière, sous le pont de Monpont. . . . 31   —
La plaine, à Monpont. 41   —

3° VALLÉE DE LA DRONNE.

La rivière, sous le pont de Roche-Chalais. . 24   —

4° VALLÉE DE LA GARONNE (rive droite.)

La Garonne, à la La Réole. 7   —
La plaine, à Sainte-Bazeille. 28   —
Floirac et Bouillac. 73   —

5° VALLÉE DU DROT.

La rivière, sous le pont, à Duras. . . . . . 24 (Raulin.)

6° VALLÉE DU LOT.

La rivière, sous le pont d'Aiguillon. . . . . 22 —
La plaine, à Aiguillon. . . . . 42 —
La rivière, sous le pont de Castelmoron. . . 35 —

A. *Altitudes au Nord de la Gironde, de la Dordogne et de la Dronne.*

Environs de Royan et de Mortagne. . . . . 25 —
Esplanade près de la citadelle de Blaye. . . 29 —
Moulin occidental de la Garde à Rollon, au
    Nord de Blaye. . . . . 57 —
Plateau de Rigalet, à l'Ouest de Bourg. . . 62 —
Samonac, au Nord de Bourg. . . . . 87 —
Croisée de la route de Blaye, à Saint-André-
    de-Cubzac. . . . . 33 —
Moulin de Saint-Savin. . . . . 89 —
Église de Saint-Savin. . . . . 75 —
Plateau de La Grange, près de Bourg. . . . 58 —
Jonction de la route de Blaye. . . . . . . 56 —
Plateau, près de Cavignac. . . . . 50 —
Plateau, au Sud de Cavignac. . . . . 64 —
Moulin de Saint-Mariens. . . . . 78 —
Église de Salignac. . . . . 58 —
Tertre de Fronsac. . . . . 76 —
Plateau de Saint-Germain-de-la-Rivière. . 82 —

B. *Altitudes entre la Dronne et l'Isle.*

Côteau au-dessus de Roche-Chalais. . . . . 114 —
Chemin devant Rousseau. . . . . 113 —
Plateau à l'Est du Bost. . . . . 134 —

C. *Altitudes entre l'Isle et la Dordogne.*

Églige de Montagne-de-Saint-Georges. . . .	88	—
Moulin de Damanieu.	100	—
Moulin de Grave.	110	—

D. *Altitudes entre la Dordogne , la Garonne et le Drot.*

Plateau de Lormont à Larrat.	52	—
— de Lormont au Télégraphe.	61	—
Saint-André-de-Cubzac.	75	(Puissant.)
Jonction des routes de Saint-André et de Libourne.	50	(Raulin.)
Plateau, à l'Ouest de Beychac.	91	—
Vallon de Beychac.	12	—
Plateau bas de Vayres.	25	—
Plateau de Belle-Croix, entre Bordeaux et Branne.	73	—
Plateau, à l'Ouest de Camarsac.	93	—
Vallon de Camarsac.	24	—
Plateau du Moine, à l'Ouest de Branne. . .	51	—
Église de Créon.	101	—
Vallon entre Créon et la Sauve.	67	—
Église ruinée de la Sauve.	97	—
Coteau, à Belair, au S.-E.	101	—
Plateau bas, à Bagnaux.	71	—
Ruisseau à Bagnaux.	50	—
Le Gibaut (rive droite de la Garonne). . .	124	(Puissant.)
La Pouyade — — . . .	101	—
Vallon de Pommiers.	47	(Raulin.)
Sommet de la route entre Pommiers et La-barthe.	98	—
Église de Sainte-Croix-du-Mont.	80	—
Moulin de Movicle, à l'Est de Sainte-Croix-du-Mont.	121	—

Bas-plateau, sur la route, près Saint-Ma-
caire. 21   —
Moulin de Pyros, au Nord de Casseuil. . . 123   —
Plateau de Saint-André-du-Bois. 104   —
— de Saint-Laurent-du-Bois. 82   —
Vallon, au Sud de Sauveterre. 53   —
Moulin de la Borde, au N.-E. de Sauveterre. 97   —
— de l'Aunay, à Soussac. 138   —

E. *Altitudes entre le Drot et la Garonne et le Lot.*

Moulin du Mirail, à La Réole. 121   —
Télégraphe de Graveilleuse. 130   —
Coteau de Cruchit. 123   —
Église de Monségur. 58   —

F. *Altitudes sur la rive gauche de la Garonne.*

Bordeaux. . . . . 8 (Puissant.)
Léognan, au Sud de Bordeaux. 43   —
Église de Gradignan. . . . . 37 (Raulin.)
Terrasse du château de M. Pettersen. . . 25   —
Plateau des Landes Girondines, à Sore. . . 67 (Clavau.)
Landes près du Puch. . . . . 68 (Raulin)
Origine du ruisseau de la Maye, près Bor-
deaux. 50   —
Pont de la Maye. 14   —
Ruisseau de Bègles. 5   —
Chartreuse. . . . . , . . . 17   —
Lubec. 48   —
Canal de Certes. . . . . . . , ... 5   —
Source de la Canau, entre Bordeaux et
Arcachon. 74   —
Les Landes, à Sore. 61   —
Village de Sore, sur la Leyre. 71   —

Hostens. . . . . 74 (Lefevbre.)

Pyramide de Curton, à Hostens. . . . . 89 —

Les Trois-Lagunes. . . . . 65 (Dechamps.)

Château de Saint-Magne, près Villagrain. . 70 (Raulin.)

Ruisseau de Villagrain à la carrière de Craie. 55 (Lefevbre.)

Captieux. . . . . 42 (Puissant.)

Le poteau, près Captieux. . . . . 132 (les ingén.)

Le Tusau. . . . . 76 (Lefevbre.)

G. *Altitudes des rivières et des étangs du littoral du département de la Gironde.*

Point culminant, sur le versant maritime de
la ligne de partage, à 1/2 lieue de Barp. 90 (Lefevbre.)

Le Barp. . . . . 68 —

Rivière de Leyre à Salles. . . . . 10 à 12 —

Rivière de Leyre à la jonction des deux
branches. . . . . 27 (Clavau.)

Étang de Cazau. . . . . 20 (Desch.)

— de Hourtins. . . . . 13 (Clavau.)

— de La Canau. . . . . 13 —

— de Porge. . . . . 42 —

— de l'Ilet. . . . . 8 —

On conçoit que si je me suis autant étendu sur l'hypsométrie du pays, c'est parce que les altitudes jouent un très-grand rôle dans l'histoire de la Végétation et des Mollusques.

GÉOLOGIE. — Le département de la Gironde repose, en très-grande partie, sur le calcaire grossier miocène et éocène. Ayant déjà désigné les régions où les couches de ces terrains se montrent à la surface, je n'y reviendrai que transitoirement, et lorsque la nécessité l'exigera.

Néanmoins, je sens l'utilité de donner quelques développements, en ce qui concerne les faluns miocéniques libres ou désagrégés, la zone, qui les comprend dans le bassin de la Gironde, occupant une assez grande étendue du territoire et exerçant une puissante influence sur la végétation, par conséquent aussi sur les Mollusques.

C'est sur la rive gauche de la Garonne que ces terrains tertiaires sablonneux sont disséminés, çà et là, presque au-dessous du sol, depuis les portes de Bordeaux jusqu'aux limites qui séparent le département de la Gironde du bassin de l'Adour.

Ces faluns sont jaunes ou bleuâtres, très-coquilliers; les premiers forment des dépôts considérables dans les communes de Mérignac, de Pessac, de Léognan, de Saucats, d'Illats, etc.; et sont les représentants des faluns jaunes de l'étage miocénique supérieur de Saint-Paul, près de Dax. (Landes).

Les seconds, ou les faluns bleus, sont plus rares dans la Gironde : il en existe à Labrède et dans les communes voisines, Martillac, Landiras, etc.

Ces dépôts rappellent les faluns violacés de Saubrigues, de Saint-Jean-de-Marsac, aux bords de l'Adour, près de Dax. Ils constituent l'étage miocénique moyen.

L'étage éocène du calcaire marin ne se rencontre presque pas dans le bassin girondin, à l'état de falun libre; on en a constaté un dépôt néanmoins à Terre-Nègre, à la Chartreuse, et au jardin de Botanique de Bordeaux. Ce calcaire inférieur s'y trouve en roches compactes, très-dures, à Pauillac, en Médoc, à la citadelle de Blaye, dans le Bourgeais, le Fronsadais, etc.

Ces terrains éocéniens sont les analogues des faluns blancs de Gaas, dans le département des Landes, les fossiles étant absolument identiques.

Une autre formation, qui a précédé, accompagné ou suivi de près l'époque géologique des terrains tertiaires marins, moyens et inférieurs, mais de nature d'eau douce, s'offre aussi dans le bassin de la Gironde.

Cette formation, généralement connue sous le nom de *Molasse*, se présente avec un assez grand développement sur la rive droite de la Garonne, dans le Blayais, le Fronsadais, à Cubzac, à Sainte-Luce, à Plassac, à Montusé, etc.

Elle se montre ensuite dans l'Entre-deux-Mers, à Guîtres, Saint-Émilion, à Libourne, à Branne, à Saint-Aubin ; et ensuite, sur la rive gauche du fleuve, à Bazas, à Violes, à Labrède, à Saucats. Dans ces dernières localités, le calcaire lacustre est durci, et offre une série de couches alternant avec le calcaire compacte marin miocénique.

Le terrain crétacé entoure d'une ceinture le département de la Gironde dans ses limites septentrionales.

La craie blanche forme les hauteurs de Royan et du département de la Charente-Inférieure.

Un banc assez considérable de dolomie crayeuse se montre ensuite dans sa région méridionale, au milieu des landes, depuis Villagrain jusques au-delà de Belin. Ce banc crétacé paraît résulter d'un soulèvement de l'époque de l'ophite. Il est identique aux roches Dolomitiques, de Tercis, sur les bord de l'Adour, près de Dax.

Nous ne ferons pas mention des couches à lignite, ni de l'argile plastique du bassin de la Gironde, parce que n'y offrant aucun affleurement, leur étude devient inutile à celles des Mollusques de la contrée.

ALLUVIONS. — Les alluvions d'eau douce constituent le sol des vallées. Comme celles-ci sont multipliées dans la Gironde, ce terrain fluviatile, nommé *Palus*, s'y voit, sur une assez grande échelle, surtout à l'égard des grands fleuves, comme la Dordogne et la Garonne.

Ce sol alluvionnel, occupant les parties basses et étant formé d'un limon argileux et de détritus de plantes décom-

posées, offre un terreau fort approprié à une riche végétation ; aussi les vallées du pays sont-elles généralement bien
cultivées, soit en céréales, soit en prairies, soit en culture
de saules appelée *Viminières*, etc.

Le sol et sa végétation y appellent de nombreux Mollusques
terrestres. Les fossés aquatiques, indispensables pour les
irrigations, nourrissent presque tous les genres appartenant
aux Gastéropodes fluviatiles et beaucoup d'Acéphales de
la France tempérée.

MARAIS. — Ceux du département occupent une superficie
de 42,081 hectares. Il y en a sur les deux rives de la Garonne, de la Dordogne et de la Gironde, et même entre les
étangs du littoral.

Il y a aussi des marais salants, principalement au nord
et à l'orient du bassin d'Arcachon, dont la superficie est
d'environ 327 hectares.

CÔTES MARITIMES. — Elles s'étendent du Nord au Sud,
sur une longueur de 146,000m (28 lieues moyennes). On y
voit le magnifique bassin d'Arcachon dont je viens de parler,
qui a une superficie de 12,500 hectares. A l'occident du
bassin, il existe une petite île appelée l'*Ile des Oiseaux*,
très-bien cultivée, qui a 5 kilomètres de circonférence.

Le reste de la côte océanienne est aplatie, et n'offre
aucun rescif rocailleux, comme à Royan et à Biarritz ; elle
est nue et essentiellement sablonneuse. Elle est, bordée ainsi
que je l'ai déjà mentionné, d'une chaîne de dunes ou mon-
tagnes de sable pur.

Au-delà de cette chaîne, on trouve une série d'étangs
d'eau douce, dont voici les principaux :

1° ÉTANG DE HOURTINS ET DE CARCANS.

Il s'étend des monts Hourtins jusqu'à la forêt de Lacanau.
Sa longueur est de 15,000m, sa largeur d'environ 4,200m,

sa superficie de 3,600 hect., sa hauteur moyenne de 13ᵐ (Lobgeois).

2° ÉTANG DE LACANAU.

Il est situé au sud de l'étang de Hourtins. Sa superficie, est de 1,998 hect.

3° ÉTANG DE CAZAU.

Au sud de la Teste. C'est le plus vaste des étangs littoraux du golfe de Gascogne. Sa base est de 10,000ᵐ, sa superficie de 20 hect.; son altitude, de 21ᵐ.

LAGUNES. — Il en existe quelques-unes au sommet de la ligne des étangs : Ce sont des réservoirs naturels d'eau de pluie, ou de sources, au milieu des sables dans les parties élevées du plateau des landes.

Les lagunes principales sont celles de Bouquières, de Troupins et de Saint-Magne. On les nomme les *Trois-Lagunes*.

CLIMAT, MÉTÉOROLOGIE. — Le climat de la Gironde est généralement doux et tempéré; il appartient au climat dit *Girondin-Océanien ;* mais, à raison de sa proximité de la mer, à raison aussi des nombreux cours d'eau qui arrosent le département, il est variable, humide et sujet à des brouillards.

Les saisons y sont mal réglées; les hivers pluvieux, exposés à des gelées; les étés orageux et quelquefois brûlants.

La température moyenne de l'année est de 12°, 90ᶜ. Elle est sujette à des perturbations subites et fréquentes.

D'après les observations barométriques de dix années, le maximum a été de 28° 10ᶜ; le minimum de 27°; le moyen de 28, 0, 4.

La ligne isochimène est de 6°, 2ᶜ ; l'isotherme de 12°, 0ᶜ, et l'isothère de 20° 5ᶜ.

Ce département est compris dans la zône Zoologique et Botanique, désignée sous le nom d'*Aquitanique.*

CHAPITRE II.

DE LA VÉGÉTATION DE LA GIRONDE FRÉQUENTÉE PAR LES
MOLLUSQUES.

Il existe une alliance si étroite entre la Botanique et l'étude
des Mollusques terrestres et d'eau douce, que cette science
lui est inséparable.

La nourriture étant, en effet, la première condition de leur
conservation, il importe à un haut dégré de jeter un regard
attentif sur les stations végétales appartenant aux diverses
régions orographiques, hydrographiques, aux localités variées du département, aux formations géologiques de ce vaste
bassin.

Nous allons donner des détails sur les principales de ces
Stations botaniques. Nous les empruntons d'abord à une
excellente Dissertation, publiée sur ce sujet, par un savant
d'un grand mérite, M. Delbos (1); ensuite à la 4ᵉ édition de
la *Flore Bordelaise* du respectable et savant professeur
Laterrade (2).

Il me sera peut-être nécessaire aussi de consulter un petit
travail que j'ai publié en 1826, ayant pour titre : *Florula
Littoralis Aquitanica* (3).

---

(1) *Recherches sur le mode de répartition des végétaux, dans le
département de la Gironde* (Bordeaux), in-4°. 1834.

(2) *Flore Bordelaise* ou *de la Gironde*. (Bordeaux 1846), 4° édit.

(3) *In Bulletin soc. Linn. Bordeaux;* tome 1. et tome 2.

VÉGÉTATION DU LITTORAL OCÉANIEN , GIRONDIN.

(Zône maritime)

(**Florula maritima**).

A. *Sables de la plage maritime.*

Alyssum arenarium.
Artemisia crithmifolia.
Atriplex rosea.
Cakile maritima.
Cineraria maritima.
Convolvulus soldanella.
Cucubalus fabarius.
Cynanchum acutum.
Cytisus sessilifolius.
Dianthus attenuatus.
Eryngium maritimum.
Euphorbia paralias.
Festuca uniglumis.
Frankenia lævis.
Galium arenarium.
— luteum.

Glaucium luteum.
Glaux maritima.
Hesperis maritima.
Hordeum maritimum.
Kœleria albescens.
Matthiola sinuata.
Polygonum maritimum.
Rhaphanus maritimus.
Rottbolla erecta.
— incurvata.
Spartina alternifolia.
Tragus racemosus.
Triticum acutum.
— junceum.
— maritimum.

B. *Végétation des Dunes , mobiles et fixées.*

Arbutus unedo.
Arenaria marginata.
Asperula cinanchica.
Astragalus Bayonensis.
Arundo arenaria.
Carex Trinervis.
Cenchrus racemosus, *var.*
Cistus salvifolius.
Cochlearia officinalis.
Daphne gnidium.
Dianthus gallicus.
Diotis cadidissima.
Epipactis ensifolia.

Epipactis maritima.
Ephedra distachia.
Erica arborea.
— multiflora.
— polytrichoides.
— scoparia.
— vagans.
Erythræa chloodes.
Festuca sabulicola.
Genista anglica.
Helichrysum stœchas.
Hieracium umbellatum.
— eriophorum.

Hieracium prostratum.
Helianthemum alyssoides.
Cynanchum monspeliacum.
Ilex aquifolius.
Kæleria albescens.
Linaria thymifolia.
Lotus corniculatus, *var*.
Medicago marina.
Ononis natrix.
Osyris alba.
Pancratium maritimum.
Phleum arenarium.
Pinus maritima.

Plantago arenaria.
— maritima.
Polygala ciliata.
Polypogon maritimum.
Rottbolla filiformis.
Sarothamnus scoparius.
Scabiosa maritima.
Senecio lividus.
— sylvaticus.
Silene otites.
— Thorei.
Stellera passerina.

C. *Végétation des Laites (vallons fangeux qui séparent les Dunes.)*

Atriplex littoralis.
Chlora imperfoliata.
Chrithmum maritimum.
Genista anglica.
Juncus capitatus.
— tenageya.
Orchis palustris.

Poa loliacea.
Sagina nodosa.
Salicornia fruticosa.
Scirpus holoschœnus.
Serapias cordigera.
Silene læta

D. *Eaux salées ou saumatres (bassin d'Arcachon.)*

Ruppia rostellata.
— spiralis.

Zanichelia palustris
Zostera marina.

E. *Végétation des prés salés vaseux, et des marais de la Teste et de la Gironde.*

Agrostis maritimus.
Alopecurus bulbosus.
Armeria media.
Aster tripolium.
Atriplex portulacoides.
— littoralis.
Beta maritima.
Botrichum lunaria.
Buplevrum tenuissimum.

Carex divisa.
Chenopodium maritimum.
Cochlearia armoracia.
— danica.
— anglica.
Cyperus longus.
— fuscus.
Drosera rotundifolia.
— longifolia.

Erica polytrichoides.
Eriophorum angustifolium.
— intermedium.
— latifolium.
— vaginatum.
Erythræa latifolia.
Frankenia lævis.
Glaux maritima.
Inula chrithmoides.
Juncus maritimus.
— rigidus.
Kæleria cristata.
Lobelia urens.
Lycopodium inundatum.
Matricaria maritima.
Ophioglossum lusitanicum.
Pilularia globulifera.
Plantago maritima.
Polypogon monspeliense.
Potamogeton trichodes.
Rottboila erecta.
— incurvata.
Sagina maritima.
Salicornia herbacea.
— fruticosa.

Salsola kali.
— soda.
Samolus valerandi.
Schœnus fuscus.
Scirpus holoschœnus.
— lacustris.
— maritimus.
— palustris.
Silene corsica.
Sonchus maritimus.
Spartina stricta.
Sphagnum capillifolium.
— corymbosum.
— latifolium.
— palustre.
Statice Bubanni.
— caspia.
— dichotoma
— limonium.
— linearifolia.
— plantaginea.
Tamarix gallica.
Trachynotia alternifolia.
Triglochin maritimum.
— palustre.

F. *Végétation des forêts de pins sur le littoral.*

(**Pignadas.**)

Adenocarpus parvifolius.
Arbutus unedo.
Avena longifolia.
Cistus salvifolius.
Erica arborea.
— mediterranea.
— multiflora.
— scoparia.
— vagans.

Erica cinerea.
Evonymus europæus.
Helianthemum alyssoides.
— guttatum.
Ilex aquifolius.
Pinus maritima.
Quercus Ilex.
— pedunculata.
— sessiliflora.

Quercus suber.   Sarothamnus scoparius.

— Toza.   Ulex europæus.

Pteris aquilina. *Var.* altissima.   — nanus.

VÉGÉTATION DES LANDES RASES GIRONDINES
(**Florula syrtica**).

Agrostis elegans.

— setacea.

Aira caryophilea.

Airopsis globosa.

Allium ericetorum.

— suaveolens.

Coniocarpus complicatus.

Erica cinerea.

— ciliaris.

— scoparia.

— tetralix.

Galium anglicum.

Genista anglica.

Helianthemum alyssoides.

— guttatum.

Ixia bulbocodium.

Melica ciliaris.

— nutans.

Narthecium ossifragum.

Phalangium bicolor.

Silene bicolor.

Sarothamnus scoparius.

Thesium humifusum.

Trichodium elegans.

Ulex europæus.

— nanus.

VÉGÉTATION AQUATIQUE *ou* FLUVIATILE, GIRONDINE.
(**Florula fluviatilis**).
1° *Des étangs du littoral maritime.*

Acorus calamus.

Alisma natans.

Atriplex littoralis.

Bidens cernua.

Carex maxima.

— stricta.

Callitrichum stagnalis.

Chelidonium glaucium.

Daphne gnidium.

Echium pyrænaicum.

Equisetum multiforme.

Isoetes lacustris.

Lobelia Dortmanna.

Nuphar lutea.

Nayas marina.

Polygonum amphibium.

— hydropiper.

— maritimum.

Potamogeton crispum.

Ruppia maritima.

Schœnus mariscus.

Scirpus lacustris.

— multicaulis

Scorsonera angustifolia.

Sparganium minimum.

Typha angustifolia.

Utricularia vulgaris.

Zostera marina.

2° *Du bord des fleuves , des rivières, des ruisseaux, des sources ,
des fontaines . etc.*

(Florula fluminensis).

Alisma damasonium.
— natans.
— plantago.
— ranunculoides.
Alnus glutinosus.
Arundo donax.
— phragmites.
Betula alba.
Bidens cernua.
Caltha palustris.
Callitrichum autumnalis.
— vernalis.
Carduus pygnocephalus.
Chrysosplenium oppositifolium.
Circæa Lutetiana.
Conferva rivularis.
Cyperus longus.
Echinops sphærocephalus.
Echium violaceum.
Epilobium hirsutum.
— palustre.
Equisetum fluviatile.
— hiemale.
— limosum.
— multiforme.
Festuca arundinacea.
Hippuris vulgaris.
Hottonia palustris.
Hydrocotyle vulgaris.
Galium palustre.
Inula dysenterica.
Iris fœtida.
— germanica.
— pseudo-acorus.

— xyphioides.
Isnardia palustris.
Juncus acutifolius.
— nodosus.
Lithrum salicaria.
Lysimachia vulgaris.
Mentha aquatica.
Montia fontana.
Sagittaria sagitæfolia.
Salix alba.
— aurita.
— caprea.
Rumex aquaticus.
— patientia.
Schœnus fuscus.
Sinapis nigra.
Sium nodiflorum.
Sparganium erectum.
— ramosum.
Samolus valerandi.
OEnanthe peucedanifolia.
Osmunda regalis.
Polygonum persicaria.
— amphibium.
Potentilla anserina.
Poa aquatica.
Thalictrum flavum.
— fœtidum.
Trapa natans.
Typha angustifolia.
— latifolia.
Veronica anagallis.
Verbascum nigrum.
— sinuatum.

3° Végétation des eaux paisibles stagnantes , des mares ,
des fossés aquatiques , etc.

(Florula stagnalis).

Alisma natans.
— ranunculoides.
Angelica sylvestris.
Batrachospermum moniliforme.
Butomus umbellatus.
Byssus flos-aquæ.
Ceratophyllum demersum.
— submersum.
Chara flexilis.
Conferva filiformis.
— rivularis.
— gossypina.
Draparnaldia glomerata.
Equisetum fluviatile.
Euphorbia pilosa.
Hydrodiction utriculatum.
Hippuris vulgaris.
Hottonia palustris.
Inula pulicaria.
Lemna minor.
— arhiza.
— gibba.
— trisulca.
— polyrhiza.
Lysimachia nummularia.
Marsilea quadrifolia.
Menyanthes trifoliata.
Potamogeton crispum.
— lucens.
— natans.
— perfoliatum.

Potamogeton polygonifolium.
Myriophyllum spicatum.
— alternifolium.
— verticillatum.
OEnanthe fistulosa.
Nuphar lutea.
Nymphea alba.
Phellandrium aquaticum.
Ranunculus aquatilis.
— cænosus.
— divaricatus.
— flammula.
— fluitans.
— lingua.
— tricophyllus.
Riccia fluitans.
Sagittaria sagittæfolia.
Salvinia natans.
Schœnus nigricans.
Spiræa ulmaria.
Sium nodiflorum.
— angustifolium.
— inundatum.
Trapa natans.
Vaucheria cæspitosa.
— dichotoma.
Villarsia nymphoides.
Zignema deciminum.
— nitidum.
— quininum.

VÉGÉTATION DES TOURBIÈRES ET MARAIS TOURBEUX.

(Florula turfosa).

Anagallis crassifolia.
— tenella.
Bunium verticillatum.
Cladium germanicum.
Carex œderi.
— panicea.
— paniculata.
— pulicaria.
Cineraria palustris.
Drosera intermedia.
— rotundifolia.
Elodes palustris.
Epilobium hirsutum.
— tetragonum.
Epipactis palustris.
Erica ciliaris.
— mediterranea.
— scoparia.
Eriophorum angustifolium.
— polystachion.
— vaginatum.
Galium boreale.
Gentiana pneumonanthe.
Illecebrum verticillatum.
Ixia bulbocodium.
Lobelia urens.
Lycopodium inundatum.
Myosotis palustris.

Myrica gale.
OEnanthe fistulosa.
Osmunda regalis.
Narcissus bicolor.
— bulbocodium.
— pseudo-narcissus.
Narthecium ossifragum.
Parnassia palustris.
Pedicularis sylvatica.
Pinguicula grandiflora.
— lusitanica.
Polygala depressa.
Polystichum filix-mas.
— thelypteris.
Primula grandiflora.
Radiola linoïdes.
Salix repens.
Serratula tinctoria.
Schœnus albus.
— fuscus.
— nigricans.
Sison verticillatum.
Sphagnum compactum.
— corymbosum.
— palustre.
Veronica scutellata.
Viola lancifolia.

VÉGÉTATION DES PELOUSES NATURELLES.

(Florula cæspitosa).

1° Plantes des pelouses sablonneuses et graveleuses.

Andropogon ischœmum.
Avena caryophyllea.
Bromus mollis.

Carlina vulgaris.
Cerastium semi-decandrum.
Dianthus prolifer.

Dorichnium suffruticosum.
Genista pilosa.
Helianthemum guttatum.
Hieracium auricula.
Hypochœris glabra.
Juniperus communis.
Luzula campestris.
Mœnchia erecta.
Ornithopus compressus.
— ebracteatus.
Papaver argemone.
Phalaris phleoides.

Potentilla argentea.
— splendens.
Prunella alba.
Ranunculus parviflorus.
Salvia verbenaca.
Silene bicolor.
Stachys arvensis.
Thymus serpyllum.
Trifolium angustifolium.
Verbascum thapsus.
Vicia lathyroides.

2° Plantes des pelouses argileuses et calcaires.

Anemone pulsatilla.
Anthyllis vulneraria.
Buplevrum tenuissimum.
Carduncellus mitissimus.
Carlina vulgaris.
Carex glauca.
Cyclamen neapolitanus.
Fumaria officinalis.
Globularia vulgaris.
Helianthemum vulgare.
Hutchinsia petræa.
Hyppocrepis comosa.
Iberis amara.

Juncus montanus.
Linum tenuifolium.
Papaver hybridum.
Peucedanum cervaria.
Potentilla anserina.
Poterium muricatum.
Pimpinella saxifraga.
Senebiera coronopus.
Stachys annua.
Teucrium botrys.
— chamædrys.
— montanum.

VÉGÉTATION DES CÔTEAUX CALCAIRES, DES COLLINES, HAUTEURS RUPESTRES ET CLÔTURES EN PIERRES SÈCHES.

(Florula rupestris calcaricola).

Abies picea.
Adianthum capillus veneris.
Alyssum calycinum.
Anthyllis vulneraria.
Arabis Girardi.
Asplenium trichomanes.

Andriala sinuata.
Arenaria montana.
Artemisia absinthium.
Armeria vulgaris.
Buphthalmum spinosum.
Calamintha menthæfolia.

Campanula rotundifolia.
Carlina vulgaris.
Catananche cœrulea.
Carduncellus mitissimus.
Centaurea aspera.
— solstitialis.
Chlora perfoliata.
Cirsium eriophorum.
Convolvulus cantabrica.
Coronilla minima.
Cupressus sempervirens.
Cynara cardunculus.
Dorychnium suffruticosum.
Echinops ritro.
Ephedra dystachya.
Epilobium montanum.
Euphorbia dulcis.
Fumaria procumbens.
Galega officinalis.
Helianthemum fumana.
— umbellatum.
— vulgare.
Helichrysum stœchas.
Helleborus fœtidus.
Hutchinsia petræa.
Isatis tinctoria.
Juniperus communis.
Lathyrus grandiflorus.
Lepidium draba.

Lithospermum purpureum.
— cœruleum.
Nepeta cataria.
Ononis columnæ.
— natrix.
Papaver hybridum.
Phyllyrea stricta.
— latifolia.
Polygala calcarea.
Potentilla erecta.
— verna.
Poterium diclyocarpon.
Psoralea bituminosa.
Reseda lutea.
— phyteuma.
Rhamnus alaternus.
Rhus coriaria.
Satureia montana.
Scolopendrium officinale.
Seseli montanum.
Silene nutans.
Spiræa filipendula.
Stellera passerina.
Taxus bacata.
Teucrium chamœdrys.
— montanum.
Thlaspi montanum.
— alpestre.

VÉGÉTATION DES FORÊTS, BOSQUETS, BOIS-TAILLIS, ETC.

(Florula memoralis).

Adenocarpus complicatus.
Æsculus hippocastanum.
Aira flexuosa.
Allium ursinum.
Alnus glutinosa.
Androsæmum officinale.

Anemone nemorosa.
— ranunculoides.
Arenaria montana.
Aquilegia vulgaris.
Asphodelus albus.
Astragalus glycyphyllos.

Atropa belladona.
Acer campestre.
— pseudo-platanus.
Betonica officinalis.
Betula alnus.
Bromus asper.
— pinnatus.
Campanula glomerata.
— trachelium.
Calluna vulgaris.
Carex maxima.
— sylvatica.
Carpinus betulus.
Celtis australis.
Centaurea microptilon.
Cistus salvifolius.
Circea lutetiana.
Convallaria multiflora.
— majalis.
— polygonatum.
Coronilla emerus.
Corydalis bulbosa.
Corylus avellana.
Cotoneaster pyracantha.
Cupressus sempervirens.
Digitalis purpurea.
Epipactis ensifolia.
Erica cinerea.
— scoparia.
— vagans.
Euphorbia dulcis.
— amygdaloides.
Fagus sylvatica.
— castanea.
Filago spathulata.
Fraxinus excelsior.
— caroliniana.

Fraxinus juglandifolia.
Fritilaria meleagris.
Galium aparine.
— mollugo.
Genista tinctoria.
Geum urbanum.
Gleditschia macracantha.
Gleditzia triacanthos.
Hedera helix.
Helianthemum alyssoides.
Helleborus viridis.
Hieracium murorum.
— sylvaticum.
— umbellatum.
Hypericum androsœmum.
— hirsutum.
— montanum.
— pulcher.
Ilex aquifolium.
Iris fœtidissima.
Isopyrum thalictroides.
Lathyrus multiflorus.
Lithospermum purpureo-cœru
leum.
Melampyrum pratense.
Melia azedarach.
Melica uniflora.
Mercurialis perennis.
Narcissus pseudo-narcissus.
— tazeta.
Negundo aceroides.
OEnanthe pimpinelloides.
Orchis maculata.
Orobus tuberosus.
Peucedanum parisiense.
Platanus occidentalis.
— orientalis.

Populus alba.

— nigra.

— pyramidalis.

— tremula.

Phyteuma spicatum.

Pinus maritima.

Prunus avium.

— spinosa.

Poterium sanguisorba.

Pteris aquilina.

Quercus pedunculata.

— sessiliflora.

— Toza.

Robinia pseudo-acacia.

Rosa canina.

— pimpinelloides.

Rubus nemorosus.

Ruscus aculeatus.

Salix alba.

— amygdalina.

— caprea.

— cinerea.

Salix viminalis.

Sanicula europæa.

Scrophularia peregrina.

Solidago virga-aurea.

Serratula tinctoria.

Scilla verna.

Spiræa ulmaria.

Sysimbrium alliaria.

Symphitum tuberosum.

Teucrium scorodonia.

Thalictrum aquilegifolium.

Thuya occidentalis.

— orientalis.

Trifolium medium.

Ulmus campestris.

— nanus.

Valeriana officinalis.

Veronica montana.

Vinca major.

— minor.

Viola odorata.

— sylvatica.

VÉGÉTATION CULTIVÉE.

Cette flore embrasse la culture des champs, des jardins, des vignobles, des jachères, des prairies, etc.

(**Florula culta**)

1º *Plantes qui croissent parmi les moissons (céréales.)*

(**Florula messicola**).

La florule messicole est partagée, d'après M. Delbos, en moissons des sables siliceux *(seigle)*, des terrains argilo-siliceux *(blé)*, et des terrains calcaires *(avoine)*, etc. Je les résume en une seule catégorie.

Adonis æstivalis.

Allium sphærocephalum.

Agrostema githago.

Ajuga chamæpytis.

Alopecurus agrestis.

Anthoxantum odoratum.

Andriala integrifolia.
Avena fatua.
— fragilis.
— elatior.
— strigosa.
Alchemilla arvensis.
Anthemis arvensis.
Arnoseris pusilla.
Asperula arvensis.
— cynanchica.
Bellis perennis.
Bartsia viscosa.
Bromus pinnatus.
Bunias erucago.
Buplevrum prostratum.
Calendula vulgaris.
Carduus nutans.
— crispus.
Caucalis daucoides.
— grandiflora.
Centaurea cyanus.
Chrysanthemum segetum.
Cirsium arvense.
Convolvulus arvensis.
Coronilla scorpioides.
Corrigiola littoralis.
Crassula rubens.
Cratægus aria.
Cynosurus echinatus.
Dactylis glomerata.
Delphinium consolida.
— peregrina.
Ervum hirsutum.
Euphorbia exigua.
— segetalis.
— tetraspermum.
Euphrasia officinalis.

Festuca pseudo-myuros.
— sciuroides.
Filago germanica.
Fumaria officinalis.
Galeopsis ladanum.
— ochroleuca.
Gladiolus segetum.
Herniaria glabra.
Holcus mollis.
Iberis amara.
— nudicaulis.
Lathyrus amphicarpos.
— hirsutus.
— sativus.
Lepidium sativum.
Lithospermum officinale.
Lolium arvense.
— multiflorum.
— temulentum.
Lupinus albus.
— angustifolius.
Medicago polycarpa.
Mentha pulegium.
Miagrum rugosum.
Mœnchia erecta.
Nigella Damascena.
Neslia panniculata.
Panicum dactylon.
Papaver Rhœas.
Petroselinum segetum.
Polychnemum arvense.
Polygonum fagopyrum.
Prismatocarpus speculum.
Ranunculus arvensis.
— philonotis.
Raphanus raphanistrum.
Rumex bucephalophorus.

3

Scandix pecten.
Secale cereale.
Scleranthus annuus.
Sherardia arvensis.
Silene portensis.
Spergula arvensis.
Synapis arvensis.
Torilis helvetica.
Trifolium arvense.
Triticum æstivum.
— repens.
— sativum.
Turgenia latifolia.
Valantia cruciata.
Valerianella auricula.
— carinata.

Valerianella coronata.
— Morisonii.
— olitoria.
Veronica acinifolia.
— arvensis.
Vicia angustifolia.
— aphaca.
— bythinica.
— lutea.
— cracca.
— sativa.
— villosa.
— tetrasperma.
Viola arvensis.
Zea maïs.

2° *Plantes qui accompagnent les jachères, distinguées de celles de terrains sablonneux et des terrains calcaires* (M. DELBOS), *réunies ici en une seule florule.*

Ajuga chamœpytis.
Alopecurus agrestis.
Althea hirsuta.
Ammi majus.
Anagallis arvensis.
Anthemis cotula.
— mixta.
Antirrhinum oruntium.
Artemisia campestris.
Atriplex patula.
Avena strigosa.
Calaminta acinos.
Calendula arvensis.
Caucalis daucoides.
Cerastium viscosum.
— vulgatum.
Chenopodium album.

Cirsium arvense.
Convolvulus arvensis.
Coronilla scorpioides.
Corrigiola littoralis.
Cynodon dactylon.
Delphinium ajacis.
Erigeron canadense.
Euphrasia serotina.
Euphorbia falcata.
— verrucosa.
Filago germanica.
Galeopsis ladanum.
Gastridium lendigerum.
Gypsophila muralis.
Holcus lanatus.
Iberis amara.
Inula graveolens.

Linaria elatine.
— juncea.
— pelliseriana.
Linum gallicum.
— strictum.
Matricaria chamomilla.
— inodora.
Mercurialis annua.
Panicum sanguinale.
Papaver argemone.
— hybridum.
Petroselinum segetum.
— sativum
Polycarpon tetraphyllum.

Raphanus sativus.
— raphanistrum.
Reseda luteola.
Scleranthus annuus.
Silene gallica.
— portensis.
Stachys annua.
Teucrium botrys.
Tolpis barbata.
Trifolium arvense.
— fragiferum.
— repens.
Turgenia latifolia.
Viola tricolor. Var.

3° *Plantes des prairies naturelles et artificielles.* (*Prés.*)

(**Florula pratensis**).

Agrostis vulgaris.
— stolonifera.
Ajuga reptans.
Alopecurus bulbosus.
— pratensis.
Anthoxantum odoratum.
Anthriscus sylvestris.
Aristolochia rotunda.
Avena pratensis.
— elatior.
— fragilis.
Barbarea vulgaris.
Briza media.
Bromus erectus.
— mollis.
— racemosus.
— pratensis.
— secalinus.
Cardamine pratensis.
Carex distans.

Carex glauca.
— hirta.
— punctata.
Centaurea jacea.
— nigra.
Chamagrostis minima.
Cineraria palustris.
Colchicum autumnale.
Crepis taraxacifolius.
Dactylis glomerata.
Daucus carota.
Dianthus armeria.
— prolifer.
Festuca arundinacea.
— ovina.
— duriuscula.
— elatior.
— pratensis.
Galanthus nivalis.
Galium mollugo.

Galium verum.
Hedysarum coronarium.
Hieracium pilosella.
Holcus lanatus.
Hordeum secalinum.
Hypochœris radicata.
Juncus effusus.
— glaucus.
Lathyrus pratensis.
Leucanthemum vulgare.
Leontodon autumnale.
Lolium perenne.
Lupinus albus.
Luzula campestris.
Medicago sativa.
— lupulina.
Milium communis.
— lendigerum.
Muscari comosum.
OEnanthe crocata.
Ophris fusca.
— antropophora.
— apifera.
— arachnites.
— aranifera.
Orchis alba.
— coriophora.
— hircina.
— latifolia.
— laxiflora.
— morio.
— maculata.
— odoratissima.
— ustulata.
— viridis.
Panicum digitaria.

Plantago coronopus.
— lanceolatus.
— major.
Poa pratensis.
Polygonum aviculare.
— bistorta.
Primula officinalis.
Ranunculus acris.
— bulbosus.
— sceleratus.
Rhinanthus major.
Rumex acetosa.
— acetosella.
Salvia verbenaca.
Scabiosa succisa.
Scorsonera humilis.
Senecio jacobæa.
Serapias cordigera.
— lingua.
Silene pratensis.
Silans pratensis.
Spiranthus autumnalis.
Taraxacum officinale.
Trifolium incarnatum.
— lagopus.
— maritimum.
— ochroleucum.
— patens.
— pratense.
— repens.
— subterraneum.
Triodia decumbens.
Thrincia hirta.
Tragopogon pratensis.
Triticum caninum.
Tussilago farfara.

VÉGÉTATION DES JARDINS ET DES VERGERS.

(Florula hortensis.)

Allium ascalonium.
— cepa.
— oleraceum.
— porum.
— sativum.
— schœnofrasum.
— scorodoprasum.
Amygdalus communis.
Anethum cerefolium.
Anthemis nobilis.
Anthriscus cerefolium.
Apium graveolens.
— petroselinum.
Arachis hypogea.
Artemisia absinthium.
— vulgaris.
Asparagus officinalis.
Beta vulgaris.
Brassica oleracea.
— napus.
— rapa.
Borrago officinalis.
Buxus sempervirens.
Capparis spinosa.
Capsicum annuum.
Cichorium intybus.
Consolida majus.
Corallis avellana.
Cucumis melo.
— sativus.
Cucurbita maxima.
— pepo.
Cynara scolymus.

Daucus carotta.
Ervum lens.
Ferula glauca.
Ficus carica.
Fœniculum officinale.
Fragaria vesca.
Helenium autumnale.
Helianthus annuus.
— tuberosus.
Hyssopus officinalis.
Inula helenium.
Juniperus sabina.
Lactuca sativa.
Laurus nobilis.
Lavandula vera.
Laserpitium siler.
Lilium candidum.
Lycopersicum esculentum.
Melissa officinalis.
Matricaria parthenium.
Mentha piperita.
Mespilus germanica.
Morus alba.
— nigra.
Myrtus communis.
Nerium oleander.
Ocymum basilicum.
Origanum majorana.
Papaver somniferum.
Pastinaca sativa.
Persica vulgaris.
Phaseolus nanus.
— vulgaris.

Phlox panniculata.
Physalis alkekengi.
Pisum sativum.
Prunus armeniaca.
— cerasus.
— domestica.
— lauro-cerasus.
Punica granatum.
Pyrus communis.
— cydonia.
— malus.
Raphanus sativus.
Rosa arvensis.
— centifolia.
Ribes nigrum.
— rubrum.
Ruta graveolens.
Scorzonera humilis.
Solanum bonariense.

Solanum hydropiper.
— melongena.
— pseudo-capsicum.
— tuberosum.
Sorghum alepense.
Sorbus aucuparia
— domestica.
Spinacia oleracea.
Symphytum majus.
Tanacetum vulgare.
Thymus serpyllum.
Tilia europæa.
Tragopogon porrifolium.
Valeriana officinalis.
Vicia faba.
Viola odorata.
— tricolor.
Vitis vinifera.

VÉGÉTATION DES MURAILLES, DES RUINES, VIEUX ÉDIFICES, LE LONG DES MURS.

(Florula murorum).

Alyssum saxatile.
Amaranthus blitum.
— prostratum.
Antirrhinum cymballaria.
Arabis sagittata.
— thaliana.
— turrita.
Arenaria rubra.
— serpyllifolia.
Brassica erucastrum.
Bromus tectorum.
Bryum argenteum.
— cœspiticium.

Ceterach officinarum.
Chenopodium murale.
— vulvaria.
Chelidonium majus.
Collema crispum.
— nigrum.
Cotyledon umbilicus.
Diplotaxis muralis.
Dorychnium suffruticosum.
Draba muralis.
— verna.
Festuca myurus.
Funaria hygrometrica.

Geranium molle.
— rotundifolium.
— sanguinale.
Grimmia crinita.
— pulvinata.
Gypsophylla muralis.
Hedera helix.
Hieracium murorum.
Hordeum madritensis.
— murinum.
Hypnum sericeum.
— parietinum.
— rutabulum.
Lamium amplexicaule.
— purpureum.
Lepra antiquitatis.
Lepidium ruderale.
Linum strictum.
Malva rotundifolia.
— parviflora.
Marubium vulgare.
Origanum vulgare.
Orthotricum anomalum.
Parietaria officinale.

Patellaria crassa.
— cartilaginea.
— Smythii.
Poa annua.
Polypodium vulgare.
Placodium canescens.
— murorum.
Polycarpon tetraphyllum.
Prænanthes muralis.
Reseda luteola.
Saxifraga trydactylites.
Sagina procumbens.
Sedum acre.
— dasyphylla.
— micranthum.
— telephium.
Senebiera pinnatifida.
Sempervivum tectorum.
Sysimbrium tenuifolium.
Solanum nigrum.
Tortula muralis.
Umbilicus pendularis.
Urtica urens.
Valeriana rubra.

VÉGÉTATION DES HAIES.

(Florura sepium.)

Acanthus mollis.
Acer campestre.
— negundo.
Alium palens.
Anthriscus cerefolium.
Arum italicum.
Atriplex angustifolia.
— patula.
Berberis vulgaris.
Bryonia alba.

Bryonia dioica.
Campanula patula.
Carex divulsa.
Chelidonium majus.
Chærophylum temulum.
Clematis clematitis.
— vitalba.
Convolvulus sepium.
Cornus sanguinea.
Cratægus oxyacantha.

Cratægus pyracantha.
Cucubalus baccifer.
— behen.
Cydonia vulgaris.
Erysimum vulgare.
Ervum hirsutum.
Galium aparine.
— mollugo.
— sylvaticum.
Geranium columbinum.
— sanguineum.
— rotundifolium.
Glecoma hederacea.
Gleditszia triacanthos.
Hedera helix.
Humulus lupulus.
Leonurus cardiaca.
Ligustrum vulgare.
Linaria monspessulana.
Lonicera periclymenum.
— caprifolium.
— xylosteum.
Lolium perenne.
— tenue.
Lotus corniculatus.
Lychnis dioica.
— rubra.
Lycium barbarum.
Malva sylvestris.
Melica uniflora.
Mespilus germanica.
Polygonum dumetorum.
Polypodium aculeatum.
— vulgare.
Prunus mahalep.
— spinosa.
Ranunculus ficaria.

Rhamnus catharticus.
Rosa arvensis.
— canina.
— sempervirens.
Rubia peregrina.
— tinctorum.
Ruscus aculeatus.
Rubus cæsius.
— fruticosus.
Rumex obtusifolius.
Salix capræa.
Sambucus ebulus.
— nigra.
Scandix anthriscus.
Sedum cepæa.
— reflexum.
Solanum dulcamara.
Syringa vulgaris.
Tamus communis.
Teucrium scorodonia.
Tordylium maximum.
Tórilis nodosa.
Triticum repens.
Ulmus campestris.
Urtica urens.
— pilullifera.
Veronica agrestis.
— chamædrys.
— hederæfolia.
— montana.
Viburnum opulus.
— tinus.
— lantana.
Vicia sativa.
— sepium.
Vinca major.
— minor.

Achillea millefolium.
Agrostis capillaris.
— setacea.
— stolonifera.
Aira cæspitosa.
— caryophyllea.
Allium ampeloprasum.
— roseum.
— sphærocephalon.
— vineale.
Alopecurus agrestis.
Andriala sinuata.
Anthemis arvensis.
Aristolochia clematitis.
— · rotunda.
Avena fragilis.
— elatior.
Bellis perennis.
Bromus pinnatus.
— mollis.
— secalinus.
Calendula arvensis.
Campanula rapunculus.
Chamagrostis minima.
Capsella bursa-pastoris.

Cerastium pentandrum.
— vulgatum.
Chrysanthemum leucantemum.
Cirsium arvense.
Cynosurus cristatus.
— echinatus.
Dactylis glomerata.
Diplotaxis viminea.
Filago germanica.
Gnaphalium luteo-album
Herniaria glabra.
Melica ciliata.
Mercurialis annua.
Milium lendigerum.
Muscari racemosus.
Panicum crus-galli.
— dactylon.
— sanguinale.
Poa annua.
Raphanus raphanistrum.
Rubia tinctorum.
Salvia betonica.
Senecio vulgaris.
— jacobæa.
Vitis vinifera.

VÉGÉTATION DES BORDS DES CHEMINS DE LA GIRONDE.

(**Florula viarum.**)

Agrimonia eupatorium.
Anchusa tinctoria.
Amaranthus prostratus.
Arctium lappa.
Arum maculatum.
Blitum virgatum.
Capsella bursa-pastoris.
Carduus crispus.
— horridus.

Carduus marianus.
— nutans.
— tenuifolius.
Carlina vulgaris.
Carthamus lanatus.
Chenopodium ambrosioides.
Centaurea aspera.
— calcitrapa.
— calcitrapoides.

Centaurea arvense.
— nigra.
Cirsium eriophorum.
— lanceolatum.
Conium maculatum
Conyza sordida.
— squarrosa.
Cynoglossum officinale.
— pictum.
Datura stramonium.
Dipsacus fullonum.
Echium italicum.
— vulgare.
Echinops ritro.
Erodium cicutarium.
— moschatum.
Eupatorium cannabina.
Euphrasia odontites.
Eryngium campestre.
Erysimum officinale.
Euphorbia cyparissias.
— pilosa.
— sanguinale.
Galium mollugo.
— verum.
Geranium molle.
— robertianum.
Heliotropium europæum.
Hyosciamus niger.
Inula dysenterica.
— pulicaria.
Lactuca virosa.
Lampsana communis.
Lepidium graminifolium.
— ruderale.
Linaria monspeliensis.
Lycopsis arvense.
Lythospermum arvense.

Malva officinalis.
— parviflorus.
Marubium vulgare.
— nigrum.
Melilotus officinalis.
Mentha pulegium.
OEgilops ovata.
OEnothera biennis.
Ononis arvensis.
Onopordum acanthus.
Phytolaca decandra.
Poa bulbosa.
Polygonum aviculare.
Potentilla tormentilla.
— repens.
Rumex pulcher.
Sambucus ebulus.
Scabiosa prolifer.
— succisa.
Senebiera coronopus.
Senecio jacobæa.
Serratula tinctoria.
— arvensis.
Sinapis nigra.
Solanum nigrum.
Sysimbrium sophia.
Thlaspi perfoliatum.
Tribulus terrestris.
Tussilago farfara.
Urospermum tragopogon.
Urtica urens.
Verbascum blatarioides.
— nigrum.
— sinuatum.
— thapsus.
Vervena verbenaca.
Xanthium strumarium.

VÉGÉTATION CRYPTOGAMIQUE DE LA GIRONDE,

RECHERCHÉE PAR LES MOLLUSQUES.

(**Florula cryptogamica**).

Characées.

Chara vulgaris.
— flexilis.
— fragilis.
— hispida.

Equisetacées.

Equisetum arvense.
— sylvaticum.
— palustre.
— limosum.
— hyemale.
— multiforme.

Fougères.

Ophioglossum vulgatum.
— lusitanicum.
Botrychium lunaria.

Osmundacées.

Osmunda regalis.

Polypodiées.

Ceterach officinarum.
Polypodium vulgare.
Polystichum thelipteris.
— filix-mas.
— aculeatum.
Athyrium filix fæmina.
Asplenium adianthum-nigrum.
— ruta-muraria.
— trichomanes.
Scolopendrium officinale.
Blechnum spicans.

Pteris aquilina.
Adianthum capillus-Veneris.

Marsilées.

Salvinia natans.
Marsilea quadrifolia.
Pilularia globulifera.

Lycopodiacées.

Isoetes lacustris.
Lycopodium inundatum.

Mousses.

Polytrichum commune.
— aloides.
— hercynicum.
— juniperinum.
— undulatum.
Bartramia pomiformis.
— fontana.
Funaria hygrometrica.
— Muhlenbergii.
Zigodon conoideum.
Bryum androgynum.
— palustre.
Mnium stellare.
— roseum.
— ligulatum.
— hornum.
— cuspidatum.
Bryastrum pyriforme.
— argenteum.
— capillare.
— cespititium.

Bryastrum turbinatum.
— annotinum.
— carneum.
— nutans.
— crudum.
Timmia polytrichoides.
Daltonia heteromalla.
Neckera crispa.
— viticulosa.
Fontinalis antipyretica.
— squammosa.
Hypnum complanatum.
— denticulatum.
— riparium.
— alopecurum.
— dendroides.
— purum.
— illecebrum.
— serpens.
— rufescens.
— sericeum.
— lutescens.
— proliferum.
— myurum.
— abietinum.
— prælongum.
— rutabulum.
— rusciforme.
— striatum.
— cuspidatum.
— cordifolium.
— loreum.
— squarrosum.
— triquetrum.
— commutatum.
— aduncum.
— fluitans.

Hypnum rugosum.
— cupressiforme.
— molluscum.
— crista-castrensis.
Leucodon sciuroides.
Pterigynandrum gracile.
— Muhlenbergii.
Tortula rigida.
— tortuosa.
— chloronotos.
— muralis.
— ruralis.
— subulata.
— fallax.
Didymodon purpureum.
— homomallum.
Dicranum taxifolium.
— adianthoides.
— glaucum.
— polycarpum.
— scoparium.
— heteromallum.
— varium.
Weissia lanceolata.
— controversa.
— cirrhata.
— nigrita.
Encalypta vulgaris.
Cinclydotus fontinaloides.
Trichostomum aciculare.
— fasciculare.
— canescens.
Grimmia pulvinata.
— crinita.
— apocarpa.
Orthotrichum anomalum.
— affine.

Orthotrichum rivulare.
—   striatum.
—   crispum.
Tetraphis pellucida.
Gymnostomum ovatum.
—   pyriforme.
Sphagnum capillifolium.
—   obtusifolium.
—   cymbifolium.
—   compactum.

Hépatiques.

Jungermannia asplenioides.
—   inflata.
—   bicuspidata.
—   nemorosa.
—   undulata.
—   complanata.
—   viticulosa.
—   bidentata.
—   platyphylla.
—   tomentella.
—   dilatata.
—   tamarisci.
—   pinguis.
—   epiphylla.
Marchantia conica.
—   cruciata.
—   polymorpha.
—   fragrans.
Riccia fluitans.

Lichens.

Endocarpon miniatum.
—   Hedwigii.

Peltigera resupinata.
—   horizontalis.
—   aphtosa.
—   canina.
Sticta fuliginosa.
—   scrobiculata.
—   pulmonaria.
—   glomulifera.
Parmelia perlata.
—   acetabulum.
—   tiliacea.
—   saxatilis.
—   olivacea.
—   conspersa.
—   physodes.
—   pulverulenta.
—   stellaris.
—   parietina.
—   candelaria.
Pannaria plumbea.
Collema nigrescens.
—   lacerum.
—   crispum.
Physcia divaricata.
—   prunastri.
—   ciliaris.
—   glauca.
Ramalina fraxinea.
—   pollinaria.
—   fastigiata.
—   farinacea.
Usnea barbata.
—   plicata.
—   florida.
Cornicularia jubata.
—   aculeata.
Sphærophorus fragilis.

Sphærophorus globiferus.
Cenomyce vermicularis.
— sylvatica.
— rangiferina.
— furcata.
— racemosa.
— gracilis.
— cornuta.
— pyxidata.
— alcicornis.
— coccifera.
Bæomyces ericetorum.
Patellaria parasema.
— confluens.
— sanguinaria.
— ferruginea.
Psora vesicularis.
— candida.
— decipiens.
— crassa.
— cartilaginea.
Placodium fulgens.
— murorum.
Lecanora citrina.
— cerina.
— subfusca.
— parella.
Urceolaria scruposa.
Lepra flava.
— antiquitatis.

Hypoxilées.

Sphæria militaris.
— digitata.
— hypoxilon.
Sphæria fusca.

Sphæria gelatinosa.
— prunastri.
— pini.
Dothidea ribesia.
— sambuci.
— ulmi.
— lonicera.

Champignons.

Tremella foliacea.
— mesenterica.
Peziza acetabulum.
— coccinea.
— cochleata.
— populnea.
Helvella esculenta.
— mitra.
Pistillaria muscicola.
Clavaria helvola.
— pistillaris.
Thelephora mesenteriformis.
Hydnum repandum.
— compactum.
— cyathiforme.
— auriscalpium.
Boletus piperatus.
— lividus.
— edulis.
— laricis.
— versicolor.
— polyporus.
Dædalea quercina.
— suaveolens.
— abietina.
— betulina.
Cantharellus tenellus.

Cantharellus crispus.

Agaricus campanulatus.

— campestris.

— acris.

— deliciosus.

— aurantiacus.

— lividus.

— castaneus.

— ulmarius.

— lacteus.

— esculentus.

— sulphureus.

— palomet.

— piperatus.

— carnosus.

— limacinus.

— muscarius.

— asper.

Clathrus cancellatus.

Lycoperdacées.

Scleroderma aurantium.

Geastrum hygrometricum.

Lycoperdon gossypinum.

— hyemale.

— pratense.

Tulostoma brumale.

Mucedinées.

Dematium rupestre.

Byssus aureus.

— floccosa.

— candida.

— flos-aquæ.

Algues.

Ulva fistulosa.

— intestinalis.

— compressa.

— linza.

— lactuca.

— gelatinosa.

— lubrica.

Nostoc mesentericum.

— vesicarium.

— commune.

— lichenoides.

Rivularia natans.

— fœtida.

Vaucheria dichotoma.

— appendiculata.

— sessilis.

— hamata.

— geminata.

— cespitosa.

— cruciata.

Zygnema deciminum.

— quininum.

— adnatum.

— elongatum.

— lutescens.

— stellinum.

— pectinatum.

— genuflexum.

— serpentinum.

Lemanea fluviatilis.

— torulosa.

Batrachospermum turfosum.

— keratophytum.

— moniliforme.

— boryanum.

Draparnaldia glomerata.
— hypnosa.
— mutabilis.
Conferva riparia.
— glomerata.
— elongata.
— capillaris.
— rivularis.
— vesicata.
— fugacissima.
— gossypina.
— floccosa.
— ericetorum.
Hydrodyction utriculatum.

Scytonema myochrous.
Calothryx distorta.
— fontinalis.
Lyngbia variabilis.
— muralis.
Oscillatoria flexuosa.
— vaginata.
— parietina.
— anguina.
— nigrescens.
— princeps.
— limosa.
— fallax.
— subfusca.

CHAPITRE III.

Iʳᵉ SECTION.

DES RAPPORTS QUI EXISTENT ENTRE LES MOLLUSQUES DE LA
GIRONDE ET LES STATIONS OROGRAPHIQUES, HYPSOMÉTRI-
QUES, GÉOLOGIQUES ET BOTANIQUES QUI VIENNENT D'ÊTRE
EXPOSÉES.

Les Mollusques vivent dans des relations si intimes, comme
il a été dit souvent, avec les végétaux, que j'ai cru indispensable de m'étendre d'une manière toute spéciale sur les plantes qui croissent dans les diverses localités topographiques
du département; et, quoiqu'il soit bien démontré que les
stations botaniques soient en rapport avec la diversité des
terrains, leurs accidents orographiques, les conditions hygros-
copiques et agricoles, il est facile de comprendre les influences
salutaires que ces conditions exercent sur ces animaux.

Si l'influence des altitudes ne se fait pas remarquer sensi-
blement dans les végétaux de la région climatoriale du pays,
à raison du peu d'élévation de ses collines et de la faible
modification de la température, il n'en est pas ainsi à l'égard
des Mollusques : ce qu'il sera intéressant de démontrer.

La division naturelle des Mollusques en terrestres et fluviatiles, indique assez la nature d'une végétation d'eau douce et
terrestre, à la fois nourricière et protectrice.

Ensuite la distribution des plantes de la contrée en petites
florules, telle qu'elle a été établie selon la diversité des
lieux, témoignant à un haut degré des rapports qui règnent

4

entre les Mollusques de toutes les familles et les stations
végétales, me permettra d'examiner avec soin l'énumération
statistique des espèces et variétés de ces animaux qui s'y
rencontrent.

2ᵉ SECTION.

EXAMEN STATISTIQUE DES MOLLUSQUES DE LA GIRONDE, CLASSÉS D'APRÈS LES FLORULES DONT IL VIENT D'ÊTRE QUESTION.

Je suivrai, dans ce chapitre, la distribution que j'ai adoptée
pour la végétation des localités topographiques et agricoles
du pays. Ce plan donnera lieu à l'établissement de petites
faunules consacrées à faire connaître les espèces de Mollusques qui vivent avec elle. Il sera par conséquent facile de
juger des rapports et du mode statistique qui règnent entre
le caractère des lieux et les conditions d'existence de ces
êtres; car tout se lie et s'enchaîne dans les desseins de la
nature, pour accomplir le but de ses admirables harmonies.

Cette distribution malacologique, diversifiée et comparative,
nous montrera leurs goûts, leurs préférences; nous conduira
à mieux connaître leurs habitudes, leurs penchants, leurs dé-
terminations instinctives. Ne voyons-nous pas les Mollusques
des jardins (*Horticoles*), s'attacher de préférence aux légumes
sucrés et féculents, aux cucurbitacées, aux fruits pulpeux et
saccharins; ceux des bois et des forêts (*sylvatiques*), appartenant à la végétation némorale, se cacher sous les feuillages,
se nourrir de leur parenchyme, se nicher sous les écorces
des arbres, sous les feuilles mortes et décomposées, parmi
les mousses et les lichens, qui couvrent les vieux troncs,
les racines, et qui croissent sur la terre; rechercher avec
avidité certains champignons; les Mollusques des prairies,
des prés, des gazons; ceux des moissons et des vignobles
(*Praticoles, Messicoles* et *Viticoles*), se nourrir de gramens

et des produits de la vigne ; ceux des collines, des côteaux calcaires et autres lieux pierreux élevés (*Mollusques rupestres*), se cacher dans les fissures des rochers et les grottes ; certains se nourrir de byssus et de mucédinées ; d'autres s'attacher aux branches des arbrisseaux, des plantes herbacées propres aux localités montueuses du département ; ceux des fleuves, des rivières, des ruisseaux, des sources, des mares, des fossés aquatiques (*Mollusques fluviatiles*), se nourrir des plantes et s'entrelacer dans une végétation spéciale propre aux eaux douces ; les Mollusques enfin du littoral océanien, des dunes sablonneuses, des forêts de pin maritime, des étangs, des prés salés, des marais salants (*Faunule maritime*), etc., s'alimenter et vivre avec les plantes du littoral, ayant un caractère et des principes salins, des chlorures qui leur sont propres.

En poursuivant cet examen, je saisis ici l'occasion de dire un mot de la nourriture de ces animaux, envisagée au point de vue chimique et organique.

Partout nous les voyons rechercher, soit dans les lieux cultivés, soit dans les lieux incultes, les graminées, les céréales surtout, et les divers végétaux (phanérogames ou cryptogames) riches en matière azotée unique, en matière albuminoïde, prenant la forme d'albumine, de caséine, de gluten dans le blé, de diastase, etc.; en matières non azotées, contenant l'oxigène et l'hydrogène, dans les proportions qui constituent l'eau, plus environ 50 p 0/0 de carbone ; et enfin, d'autres principes organiques, tels que les gommes, les fécules, l'amidon des lichens, les sucres divers, etc. ; et, parmi les éléments inorganiques, s'assimiler les phosphates, les sulfates, les bi-carbonates calciques, magnésiques, sodiques, la silice pure, les silicates, etc.

Passons maintenant en revue les diverses Faunules malacologiques girondines.

3ᵉ SECTION.

FAUNULA MARITIMA *vel* LITTORALIS OCEANICA.

1 Helix aculeata.
2 — aspersa, *var.* submarit.
3 — pisana, *var.* submarit.
4 — cellaria.
5 — ericetorum, *var.* submar.
6 — fulva.
7 — maritima.
8 — nemoralis, *var.* submar.
9 — nitidula.
10 — radiatula.
11 — submaritima.
1 Bulimus acutus, *var.* alba.
2 — — *var.* articulata.
3 — — *var.* picta.
4 — ventricosus.

1 Carychium myosotis.
2 — personatum.
1 Physa acuta.
1 Paludina muriatica.
2 — acuta.
1 Anodonta anatina.
2 — cellensis.
3 — cygnea.
4 — Moulinsiana.
5 — Rossmässleriana.
6 — intermedia.
1 Unio littoralis.
2 — Deshaysii.
3 — pictorum.

FAUNULA SYRTICA *vel* ERICETORUM.

Mollusques qu'on rencontre dans les landes girondines, rases, sèches, sablonneuses, sur les bruyères, les hélianthèmes, les gazons, les ajoncs et autres végétaux propres à ces déserts.

1 Testacella Maugei.
1 Helix Burdigalensis.
2 — candidula.
3 — Cestasiana.
4 — elegans.

5 Helix ericetorum.
6 — submaritima, *var.*
7 — striata.
8 — variabilis, *plusieurs var.*

Dans les charmants oasis ou steppes qui existent en certaines localités, au milieu des landes, là où la végétation est assez riche, où les terres meubles sont bien cultivées, on rencontre plusieurs Mollusques des champs, des jardins, des bois, des prairies.

FAUNULA FLUVIATILIS *vel* AQUATICA ET FAUNULA FLUMINENSIS.

Cette petite faune, l'une des plus intéressantes du pays, comprend, ainsi que je l'ai déjà fait observer, les Mollusques désignés sous le nom de *fluviatiles*, et qui vivent dans les *eaux douces* des fleuves, rivières, ruisseaux, sources, fontaines, mares, étangs, eaux stagnantes, fossés aquatiques, très-nombreux dans la Gironde. Les Gastéropodes y vivent en société souvent avec certaines espèces d'Acéphales. La plupart se nourrissent de la végétation aquatique que j'ai signalée.

1 Succinea Pfeifferi.	7 Limnea Nouletiana.
2 — putris.	8 —ovata.
1 Carychium minimum.	9 — palustris.
1 Planorbis clausulatus.	10 — peregra.
2 — contortus.	11 — stagnalis.
3 — corneus.	12 — Trencaleonis.
4 — cristatus.	13 — ventricosa.
5 — hispidus.	1 Ancylus capuloides.
6 — imbricatus.	2 — fluviatilis.
7 — leucostoma.	3 — lacustris.
8 — marginatus.	1 Paludina similis.
9 — nitidus.	2 — muriatica.
10 — spirorbis.	3 — viridis.
11 — vortex.	4 — vivipara.
1 Physa acuta.	1 Bithynia abbreviata.
2 — castanea.	2 — bicarinata.
3 — fontinalis.	3 — brevis.
4 — hypnorum.	4 — Ferussina.
1 Limnea auricularia.	5 — tentaculata.
2 —· elongata.	1 Valvata cristata.
3 — glutinosa.	2 — minuta.
4 — intermedia.	3 — piscinalis.
5 — leucostoma.	4 — planorbis.
6 — minuta.	1 Neritina Bætica.

2 Neritina fluviatilis.
1 Anodonta anatina.
2 — cellensis.
3 — cygnea.
4 — Gratelupeana.
5 — Moulinsiana.
6 — piscinalis.
7 — Rossmässleriana.
1 Unio ater.
2 — Batavus.
3 — littoralis.
4 — Moquinianus.
5 — pictorum.
6 — Requienii.
7 — sinuatus.
8 — *var*. garumnalis.
9 — subtetragonus.
1 Cyclas calyculata.

2 Cyclas cornea.
3 — lacustris.
4 — ovalis.
5 — rivalis.
6 — rivicola.
1 Pisidium amnicum.
2 — casertanum.
3 — fontinale.
4 — Gassiesianum.
5 — globosum.
6 — Henslowianum.
7 — Jaudouinianum.
8 — limosum.
9 — nitidum.
10 — pallidum.
11 — pulchellum.
12 — pusillum.

FAUNULA MONTANA *vel* RUPESTRIS.

1 Arion ater.
2 — rufus.
1 Limax cinereus.
2 — fuscus.
3 — maximus. *sp, nov*.
4 — variegatus.
1 Helix aspersa, *var*. calcarea.
2 — — *var*. grisea.
3 — carthusiana.
4 — cespitum.
5 — cellaria. (glabra?)
6 — cinctella.
7 — elegans.
8 — ericetorum, *var*, minor.
9 — cornea.
10 — — *var*. squammatina.
11 — hortensis, *var*. lucens.

12 Helix incarnata.
13 — lapicida.
14 — limbata. *var*. opaca.
15 — — *var*. lucida.
16 — — *var*. major.
17 — nemoralis. *var*. rubens.
18 — — *var*. concolor.
19 — neglecta.
20 — nitens.
21 — olivetorum, *var*.
22 — obvoluta.
23 — pulchella.
24 — rugosiuscula.
25 — rupestris.
26 — splendidula.
1 Bulimus decollatus.
2 — obscurus.

1 Pupa doliolum.
2 — granum.
3 — quadridens.
4 — secale.
5 — tridens.
6 — variabilis.
1 Clausilia bidens.
2 — minima.
3 — nigricans.
4 — parvula.

5 Clausilia plicatula.
6 — Rolphii.
7 — rugosa.
1 Vitrina elongata.
2 — subglobosa.
1 Cyclostoma elegans.
2 — *var.* albescens.
3 — *var.* rufa.
4 — maculatum.

FAUNULA NEMORALIS GIRUNDICA.

1 Arion ater.
2 — rufus.
1 Limax agrestis.
2 — cinereus.
3 — fuscus.
4 — gagates.
5 — variegatus.
1 Helix aspersa.
2 — aculeata.
3 — carthusiana.
4 — carthusianella.
5 — costata.
6 — crystallina.
7 — ericetorum.
8 — hortensis.
9 — lapidica.
10 — nemoralis.
11 — nitida.
12 — pisana.
13 — ponentina.

14 Helix pulchella.
15 — rotundata.
16 — sericea.
17 — striata.
18 — variabilis.
1 Bulimus acutus.
2 — obscurus.
1 Zua lubrica.
1 Balea perversa.
1 Achatina acicula.
1 Pupa granum.
2 — marginata.
3 — minutissima.
4 — umbilicata.
1 Clausilia rugosa.
2 — nigricans.
3 — parvula.
4 — plicatula.
1 Vitrina pellucida.
2 — subglobosa.

FAUNULA SEGETALIS *vel* MESSICOLA , — FAUNULA HORTENSIS , — FAUNULA PRATENSIS.

Je réunis ces faunules parce que les Mollusques des champs cultivés et des prairies, des jardins, des vergers, se ressemblent beaucoup pour les espèces, à quelques exceptions près.

1 Arion rufus.
2 — fuscus.
1 Limax agrestis.
2 — maximus.
3 — gagates.
4 — cinereus.
1 Testacella haliotidea.
2 — Maugei.
1 Helix aspersa.

2 Helix caperata.
3 — carthusianella.
4 — ericetorum.
5 — hortensis.
6 — nemoralis.
7 — pisana.
8 — pulchella.
9 — pygmæa.
10 — variabilis.

FAUNULA MURALIS GIRUNDICA.

Cette faunule comprend les mollusques qui habitent les murs des *habitations*, des *boulevards*, des *clôtures champêtres* en *pierres sèches*, des *cimetières*, des *vieux édifices*, des *vieilles églises*, des *ruines*, *décombres*, *au pied des murailles*, *sous les pierres*, *parmi les mousses*, etc.

1 Arion rufus.
1 Limax ater.
1 Helix aspersa.
2 — cellaria.
3 — costata.
4 — glabra ?
5 — hispida.
6 — intersecta.
7 — lucens.
8 — nitens.
9 — nitida.
10 — nitidula.
11 — ponentina.
12 — pulchella.
13 — pygmæa.
14 — rotundata.

15 Helix variabilis.
1 Balea perversa.
1 Zua lubrica.
2 Bulimus acutus.
1 Achatina acicula.
1 Clausilia parvula.
2 — plicatula.
3 — rugosa.
1 Pupa marginata.
2 — minutissima.
3 — muscorum.
4 — pygmæa (vertigo).
5 — umbilicata.
1 Cyclostoma elegans.
2 — maculatum.

FAUNULA SEPICOLA *vel* SEPIUM.

Mollusques terrestres du département qui habitent les abrisseaux, les plantes qui constituent les haies sauvages, champêtres, qui servent de clôture des champs, des jardins, et qu'on trouve parmi les feuilles mortes, etc.

1 Arion ater.
2 — rufus.
1 Limax agrestis.
2 — cinereus.
1 Helix aspersa.
2 — *var.* sinistrosa.
3 — *var.* scalaris.
4 — carthusianella.
5 — cellaria.
6 — crystallina.
7 — cespitum.
8 — limbata. *var.* perlucens.

9 Helix nemoralis.
10 — Olivieri.
11 — hortensis.
12 — pisana.
13 — rotundata.
14 — striata, *var.* sub-scalaris.
1 Bulimus acutus.
1 Achatina acicula.
1 Zua lubrica.
1 Pupa marginata.
1 Cyclostoma elegans.
2 — *var.* violacea.

FAUNULA VIARUM.

La liste, que je donne sous ce nom, regarde les Mollusques gastéropodes terrestres qu'on rencontre le long des chemins, dans les campagnes et les villages de la Gironde, autour des habitations.

1 Arion ater.
2 — rufus.
1 Limax agrestis.
2 — fuscus.
1 Helix aspersa.
2 — carthusianella.
3 — elegans.

4 Helix ericetorum.
5 — nemoralis.
6 — Olivieri.
7 — pisana.
8 — variabilis.
9 Bulimus acutus.

FAUNULA DILUVIONALIS MEDOQUINA ET FAUNULA VITICOLA.

Sous cette dénomination, je donne l'énumération des Mollusques répandus dans les localités diluvionnelles caillouteuses, graveleuses, calcaréo-siliceuses qui constituent, en grande partie, le sol de la contrée dite *du Médoc*, pays généralement cultivé en vignobles. C'est particulièrement dans les bordures des vignes qu'il faut chercher les Mollusques, ainsi que dans les régions basses (*palus*), le long du fleuve Girondin, où la végétation est si diversifiée. C'est là, plus que partout ailleurs, que ces animaux exercent leurs ravages sur les produits de la vigne. Le meilleur procédé de les attirer pour les détruire, c'est de répandre çà et là de la paille de blé, coupée, aux bords et dans les raies des vignes. On connaît leur avidité pour les *éteules*, pour les tas de paille, y trouvant une nourriture organique, abondante, et pour ainsi dire toute préparée (sucre, fécule, amidon, silice, etc.)

1 Arion fuscus.	6 Helix crystallina.
2 — rufus.	7 — cellaria.
1 Limax agrestis.	8 — elegans.
2 — marginatus.	9 — ericetorum.
3 — variegatus.	10 — hortensis.
1 Testacella haliotidea.	11 — incarnata.
1 Vitrina pellucida.	12 — lapidica.
2 Succinea Pfeifferi.	13 — lurida?
3 — putris.	14 — lucida.
1 Helix aspersa.	15 — neglecta.
2 — carthusiana.	16 — nitens.
3 — carthusianella.	17 — nitidula.
4 — cespitum.	18 — pisana.
5 — cornea.	19 — pulchella.

20 Helix rotundata.
21 — striata.
22 — submaritima.
1 Bulimus acutus, *var.*
2 — obscurus.
1 Zua lubrica.
1 Achatina acicula.
1 Pupa avena.
2 — dolium.
3 — doliolum.
4 — marginata.
5 — secale.
6 — quadridens.
7 — tridens.
8 .— umbilicata.
1 Clusilia bidens.
2 — parvula.
3 — rugosa.
4 — nigricans.
1 Cyclostoma elegans.
2 — maculatum.
1 Physa acuta.
2 — fontinalis.
1 Planorbis carinatus.
2 — contortus.
3 — corneus.
4 — hispidus.
5 — leucostoma.
6 — marginatus.
7 — spirorbis.
8 — vortex.
1 Valvata piscinalis.
2 — spirorbis.

1 Limnea leucostoma.
2 — minuta.
3 — ovata,
4 — palustris.
5 — stagnalis.
6 — ventricosa.
1 Ancylus fluviatilis.
2 — lacustris.
1 Paludina achatina.
2 — muriatica.
3 — vivipara.
3 — tentaculata.
1 Bithynia abbreviata.
2 — brevis.
1 Carychium myosote.
2 — personatum.
1 Neritina fluviatilis.
1 Anadonta anatina.
2 — cellensis.
3 — cygnea.
4 — piscinalis.
1 Unio littoralis.
2 — pictorum.
3 — Requienii.
1 Cyclas cornea.
2 — calyculata.
3 — lacustris.
4 — rivalis.
1 Pisidium casertanum.
2 — fontinalis.
3 — globosum.
4 — limosum.
5 — pusillum.

FAUNULA CRYPTOGAMICA GIRUNDICA.

Cette faunule, bien qu'elle soit en partie une répétition de la némorale et de la fluviatile, est néanmoins l'une des moins étudiées et des plus curieuses ; elle comprend les petites espèces de Mollusques, les pygmées de la science, à mœurs timides, à mouvements très-lents, fuyant la lumière, se réfugiant et vivant au pied et dans le duvet et les écaillles des fougères (*filicicoles*), se nichant au milieu des mousses (*muscicoles*) ; parmi les lichens (*lichenicoles*), les hépatiques, aimant les champignons (*fungicoles*), les conferves d'eau douce, et autres genres de cette nombreuse famille (*confervicoles*). Cette petite population se nourrit de la matière féculeuse verte, si abondante dans ces cryptogames fluviatiles, ainsi que dans le tissu des mousses. Les lichens crustacés, foliacés, rangifères, etc., leur fournit une sorte de suc gommeux (gelée végétale albuminoïde) très-nutritif ; les champignons, une matière essentiellement azotée qui y est très-développée.

1 Arion (*les diverses espèces*).	7 Helix pulchella.
2 Limax *idem*.	8 — pygmæa.
1 Vitrina elongata.	9 — rotundata.
2 — pellucida.	1 Achatina acicula.
3 — subglobosa.	1 Zua lubrica.
1 Helix aculeata.	1 Pupa granum.
2 — costata.	2 — marginata.
3 — crystallina.	3 — minutissima.
4 — nitens.	4 — muscorum.
5 — nitida.	5 — pygmæa.
6 — nitidula.	6 — umbilicata.

1 Clausilia parvula.
2 — minima.
3 Clausilia nigricans.
1 Carychium minimum.
1 Acme lineata.
1 Planorbis clausulatus.
2 — contortus.
3 — cristatus.
4 — hispidus.
5 — nitidus.
6 — spirorbis.
7 — vortex.
1 Physa hypnorum.

1 Limnea minuta.
2 — ovata.
1 Paludina viridis.
2 — similis.
1 Bithynia abbreviata.
2 — bicarinata.
3 — brevis.
4 — ferussina.
5 — tentaculata.
1 Valvata cristata.
2 — minuta.
3 — piscinalis.
4 — planorbis.

CONCLUSIONS.

De tout ce qui vient d'être exposé et discuté, on peut tirer les conclusions suivantes :

1° L'heureuse situation géographique, à la fois méridionale et occidentale du département de la Gironde; sa proximité de l'Océan aquitain, son climat doux et tempéré; sa topographie variée; la fertilité de son agriculture, la diversité d'une végétation indigène fort riche, etc.; toutes conditions réunies à tant d'autres supposent et montrent la richesse et la variété de sa FAUNE MALACOLOGIQUE, l'une des plus intéressantes de la France;

2° Les régions orographiques, hypsométriques, monticuleuses, d'une grande portion du département, partagé par deux magnifiques fleuves, couvert d'une multitude de collines, de côteaux, reposant tous sur la roche calcaire, donnent lieu à des modifications des espèces de Mollusques terrestres, en influant sur leur organisme, d'où résultent des variétés curieuses ;

3° Les affleurements des faluns marins à la surface du sol, dans une grande partie de la contrée, en favorisant la fertilité des diverses cultures agricoles, ainsi que la végétation herbacée sauvage appellent les Mollusques, les modifient, et contribuent à leur conservation ;

4° Les nombreux cours d'eau, les abords des fleuves, des rivières, des ruisseaux, des lacs, des marais, des étangs, les fossés aquatiques, les vallées, les vallons du pays, etc., fournissent aux Mollusques fluviatiles une végétation spéciale, très-variée qui les nourrit et les conserve ;

5° Les champs cultivés en céréales, la végétation des jardins, des vergers, des prés, des prairies, des jachères, des vignobles, etc., donnent lieu également à des modifications multipliées chez les divers Mollusques terrestres qui s'y rencontrent ;

6° La végétation luxuriante du littoral maritime et l'air salé, comme les eaux de ce littoral, en exerçant une action puissante sur la structure de ces animaux, y font apparaître, soit des espèces particulières, soit des variétés très-remarquables ;

7° Le sol diluvionnel qui couronne les hauteurs du département et qui couvre en général le plateau des riches vignobles du Médoc, nourrissant beaucoup trop sans doute un certain nombre de ces animaux et favorisant leur multiplication, font la désolation des vignerons.

8° Les landes aréneuses Girondines, ayant une végétation bornée à des éricacées, à quelques graminées, à des ajoncs, à des hélianthèmes, etc., ont un très-petit nombre de Mollusques, mais d'un caractère particulier ;

9° Les forêts de chênes, de pins, les bois de hêtres, d'ormeaux, de peupliers, etc., les bocages, les allées, les promenades, les broussailles; la végétation des haies, des chemins; celle des murs, des clôtures champêtres; les mousses qui couvrent la terre, les troncs d'arbres, les rochers, etc., alimentent, conservent et modifient un grand nombre de Mollusques de presque toutes les familles, des limaciens et des hélicéens en général;

10° Parmi les végétaux en décomposition sous les feuilles tombées et entassées, dans les localités marécageuses, fétides, une multitude d'espèces de petits Mollusques gastéropodes, puisent leur nourriture et se réfugient pour s'y reproduire;

11° Les éléments calcaires étant indispensables aux Mollusques gastéropodes terrestres et fluviatiles et à tous les acéphales, ils retirent ces principes, non-seulement des végétaux dont ils s'alimentent, mais aussi des milieux qu'ils habitent, soit les terrains à base de chaux, soit les eaux qui la contiennent;

12° Comme les Mollusques sont presque tous herbivores ou frugivores (phytiphages), les uns se nourrissent de bourgeons, de fleurs, de fruits pulpeux, charnus, sucrés, de racines sucrées; tels autres s'assimilent les principes féculents, albumineux, siliceux, contenus dans le chaume desséché des graminées, des céréales, surtout, après la moisson, de leurs graines, des tiges de maïs, etc.;

13° D'autres Mollusques recherchent les cryptogames (fougères, mousses, conferves) et se nourrissent de la matière féculente verte; tandis que certains s'alimentent de la substance gommo-gélatineuse, abondante dans les lichens foliacés, rangifères, crustacés, etc.;

14° Quelques Mollusques, les limaciens entr'autres (arion, limax) sont avides de champignons, même vénéneux.

Les Zonites dévorent les débris des Mollusques morts, les feuilles pourries dans les lieux humides.

Les Testacelles sont vermivores, les Limnéens aiment les lentilles d'eau, les myriophyles, les potamogetons, riches en matière verte.

Les Céphalés branchifères sont plus exclusivement herbivores que les pulmonés (M. Moquin-Tandon) (1).

15° Enfin, la nutrition des Mollusques se réduit, en dernière analyse, aux principes élémentaires azotés ; à la matière albuminoïde prenant diverses formes ; à des matières non azotées, contenant de l'oxigène, de l'hydrogène, du carbone et à des principes inorganiques (sucre, amidon, gluten, bi-carbonates, phosphates, silicates, etc.)

(1) Histoire des Mollusques de France, tome 1, page 54.

FIN DE LA PREMIÈRE PARTIE.

SECONDE PARTIE.

———

Jusqu'ici je n'ai donné que les prolégomènes ou les généralités qui m'ont paru intéresser les études des Mollusques terrestres et fluviatiles de la Gironde ; je me suis livré dans cette première partie, d'une manière peut-être trop étendue, à faire bien apprécier les influences que les divers agents physiques, le climat de ce département, ses terrains, sa végétation surtout, etc., exerçaient sur ces animaux invertébrés. On a vu que j'y ai établi des florules de localités variées, concordantes avec des faunules malacologiques propres à ces localités.

La seconde partie de cet essai sera consacrée à la faune spéciale du département de la Gironde en entier.

Les naturalistes n'ignorent pas que chaque faune départementale présente un cachet particulier relatif à la région géographique de chaque contrée, à sa position, à la nature de son sol, à celle de son climat, etc. Ce sont par conséquent autant de faunes régionnaires, dont, au reste, M. Raulin et moi avons posé les bases dans les tableaux, déjà cités, pour les départements de la France continentale et insulaire.

5

Je n'ai rien dit dans cet essai touchant l'anatomie et la physiologie des Mollusques. Ces sujets scientifiques sont si bien traités dans plusieurs ouvrages généraux, ceux surtout de Cuvier, Férussac, MM. Deshayes et Moquin-Tandon, etc., que j'y renvoie.

La faune girondine spéciale peut être divisée en cinq zônes ou régions naturelles géo-orographiques du pays, chacune ayant sa faunule distincte, ainsi qu'il suit :

A. *Rive gauche et rive droite de la Garonne.*

1° RÉGION CENTRALE DU DÉPARTEMENT DE LA GIRONDE.

BORDEAUX ET SA BANLIEUE.

Terrain alluvionnel de la vallée.

FAUNULE BURDIGALINE.

(Abréviation F. B.*)*.

Elle embrasse tout le territoire bordelais à huit kilomètres de rayon : (Queyries, La Bastide, Cenon, Lormont, Bacalan, Bruges, le Bouscat, Talence, Mérignac, Pessac, Bègles, etc., etc.

B. *Rive gauche de la Garonne.*

2° RÉGION OU PLATEAU DES LANDES GIRONDINES.

Terrain miocène supérieur et terrain arénacé, pliocène.

FAUNULE LANDAISE GIRONDINE.

(Abréviation F. L.*)*

Comprend toutes les landes du département, y compris le Langonais, le Bazadais, etc., jusqu'aux limites du département des Landes.

3º LITTORAL OCÉANIEN GIRONDIN.

Région littorale maritime.

Terrain de sable siliceux pur (alluvion marine, plage et dunes.)

FAUNULE MARITIME DE LA GIRONDE.

(*Abréviation* F. M)

C. *Rive gauche du fleuve de la Gironde.*

4º PLATEAU DILUVIONNEL ET ALLUVIONNEL DE LA RÉGION DU MÉDOC.

Terrain arénacé caillouteux (Graves) et terrain d'alluvion Girondin.

FAUNULE DILUVIONNELLE MÉDOQUINE

(*Abréviation* F. D.)

D. *Rive droite de la Gironde et de la Garonne.*

RÉGION MONTUEUSE DU BASSIN DE LA GIRONDE.

Terrain tertiaire miocène inférieur et éocène :

Terrain paléotérien (molasses).

FAUNULE RUPESTRE GIRONDINE OU MONTUEUSE.

(*Abréviation* F. R.)

Cette faunule, fort étendue, comprend l'Entre-deux-Mers, la Bénauge et tout le pays compris sur la rive droite de la Gironde, de la Dordogne, le Blayais, le Bourgeais, le Fronsadais, le Libournais, le Castillonais jusqu'aux confins du département de la Gironde, dans sa partie septentrionale et orientale.

Mon premier dessein était d'offrir ces CINQ FAUNULES, afin d'éviter les longueurs et les répétitions des espèces de Mollusques, réunies dans un cadre unique ou tableaux d'*ensemble* comparatif, à l'instar de l'ouvrage de M. Boll (*Mollusques de l'Allemagne*, etc.) partagés en cinq colonnes, chacune desquelles ayant en tête les abréviations *en lettres initiales*, désignant chaque faunule ; il m'a fallu renoncer à ce projet, à raison de la petitesse du format de mon ouvrage. Ce ne sera donc que dans la table alphabétique des genres et des espèces de Mollusques, que j'établirai les cinq colonnes régionnaires, où chaque faunule sera représentée, ainsi que je viens de l'expliquer par les lettres capitales.

La Faune Girondine spéciale sera terminée, en outre, par une notice bibliographique des divers ouvrages relatifs à sa topographie, à l'hydrographie, à la géologie, à l'hypsométrie et à la malacozoologie, etc., publiés dans la Gironde.

Mon désir serait d'y ajouter aussi une carte géologique, hypsométrique et malacologique du département de la Gironde, dans laquelle seraient indiquées les zônes ou régions appartenant aux cinq faunules qui se partagent le pays. Malgré les difficultés que son exécution présente, je n'y ai pas entièrement renoncé.

FAUNE MALACOLOGIQUE GIRONDINE

SPÉCIALE.

—

GASTÉROPODES TERRESTRES.

CLASSE 1re. — CÉPHALÉS.

Ordre 1er. — PULMONÉS INOPERCULÉS. (*Pneumobranches.* Lam.)

Géophiles, Géhydrophiles.

A. nus ou un test rudimentaire.

1re Famille. — LIMACIENS.

Mollusques inoperculés pulmonés terrestres, vivant sur les
végétaux des bois, des forêts, des vergers, des vallées, des
côteaux, des champs, des jardins, des prés, des prairies, au
bord des haies, des chemins, des pelouses; le long des rivières, des ruisseaux, des fontaines, des lacs, des lieux humides; se nourrissant de jeunes pousses, de fruits charnus,
pulpeux, sucrés, de cucurbitacées, de feuilles, de légumes,
de mousses, de champignons; quelques-uns de substances
animales, de vers et dévorant même leurs semblables, etc.

Selon l'illustre auteur de l'*Histoire naturelle des Mollusques de France*, M. Moquin-Tandon, dont nous suivrons la
classification, la famille des Limaciens comprend quatre
genres : ARION, LIMACE, PARMACELLE, TESTACELLE.

Le genre Parmacelle n'existe pas dans la Gironde.

Ier Genre. — ARION, *ARION*. Féruss.

Animal allongé, subcylindrique, rampant sur un disque ventral, recouvert d'un petit manteau ou cuirasse chagrinée, rugueuse, visqueuse, de couleur variable; mufle médiocre; mâchoire à dents marginales; quatre tentacules, les supérieurs oculés. Orifice respiratoire en avant de la cuirasse; orifice génital au-dessous de ce dernier; une glande mucipare caudale.

Point de coquille, ni de Limacelle. Quelques granulations calcaires, disséminées ou groupées sous la cuirasse.

Les Arions habitent les lieux frais, humides. Ils ont des mœurs timides, les mouvements lents, ne sortent que la nuit ou le jour après les pluies. Ils sont herbivores, frugivores et même carnivores.

A l'époque de la réproduction, ils se creusent sous terre une galerie où ils déposent leurs œufs. (M. Moquin.)

Espèces.

Nous n'avons dans le département de la Gironde que trois espèces distinctes d'Arion :

1. ARION EMPIRICORUM , *A. des Charlatans*. Fér.
> Hist. Moll. n° 1. pl. 1. fig. 1 à 3.
> *Arion rufus*. Moq. 1. p. 10. pl. 1. à 27.
> *Limax rufus*. Lin. — Lam. 1. — Des Moul. 1.—Drap. n° 2. pl. 9. f. 3 à 5.

A. corpore longitud^{er} sulcato, suprà rufo, subtùs albo.
> Fér. Hist. Moll. n° 1. p. 60. pl. 1 à 3.
> *Limax rufus*. Lin. — Lam. 1. — Des Moul. 1. — Drap. n° 2. p. 122. pl. 9. f. 3 à 5

Var. *a.* vulgaris. . . *Limax rufus.* Lin.

    b. ater. . . . . *Limax ater.* Lin. — Drap.

    c. ruber . . . , Fer. pl. 1. f. 1. 2. 5. — Moq. fig. 21.

    d. succineus . . *Limax succineus.* Lin. — Mull.

    e. marginatus. . *Arion flavescens.* Fér. — Mull. —

        Moq. pl. 1. f. 24.

HAB. : Partout dans la Gironde. Les bois, les châtaigne-raies, les prés, les haies ; les bords des vignes, des champs, des chemins ; les jardins, les lieux ombragés ; les bords des ruisseaux, des fontaines ; les vieux murs, etc. CC.

STATIONS : Parmi les plantes herbacées et potagères : oignons, laitues, porreaux, céleri, fraisiers, groseilliers, aubergines, melons, courges, etc., champignons édules et vénéneux. (*Agaricus necator.*)

2. ARION HORTENSIS. *A. des jardins.* Fér.

    Hist. n° 4. pl. 2. f. 4-6.

    Arion fuscus. Moq. n° 4. p. 14. pl. 1. f. 28 à 30.

    Limax fuscus. Mull.

A. *corp. nigr. vel fusco; fasc. longit. griseis; margine aurantio.*

Var. *a. fasciatus,* Fér. pl. 2. f. 6.

    b. dorsalis, Bouchard-Chant.

    c. leucophœus, Norm. — Gris bleuâtre.

    d. niger, Bouch. — Noir à fasc. grises.

    e. subfuscus, Car. Pfeiff. (non Drap.) fide ill. Moq.

HAB. : Les bois, les bosquets, les vergers, les jardins.

STATIONS : Parmi les chicorées et autres plantes potagères, attaque les fruits sucrés. C.

3. ARION SUBFUSCUS, *Arion brunâtre.* Fér.

    Hist. Moll. Suppl. n° 2. p. 96. z. — Moq.-Tand. Hist.

    Moll. 2. n° 3. p. 13.

Limax subfuscus. Drap. pl. 9. f. 8. (non Pfr.)

Var. *a. rufo-fuscus.* Drap. — Moq. l. c.

    b. cinereo-fuscus. Drap. — Moq.

    c. parvulus. Nob.

L. *corp. suprà subfusc. utrinq. fasciâ nigrâ, circumdato.*

HAB. : Les vallons, les côteaux de l'Entre-deux-Mers : Cambes, Sainte-Croix-du-Mont, Sauveterre, etc.

STATIONS : Parmi les mousses. Hypnes, Brys, *Mnium fontanum! Les Marchantes.* Parmi les plantes graminées tendres. La var. *c.* vit, dans les jardins, de *lombrics terrestres.* CC.

IIᵉ Genre. — LIMAX, *LIMACE.* Lin.

Animal allongé, effilé vers la queue, rampant sur un disque analogue à celui des Arions; cuirasse médiocre, chagrinée, à stries circulaires; quatre tentacules sub-cylindriques; mâchoire édentée; pied peu dilaté; orifice respiratoire au bord postérieur du manteau; orifice génital derrière le grand tentacule droit; point de glande caudale. (Moq. p. 17.)

Coquille rudimentaire interne, aplatie, ovale (*Limacelle*), placée sous la partie postérieure de la cuirasse.

Les Limaces, dont les mœurs et les habitudes ressemblent aux Arions, habitent sur les plantes herbacées, parmi les mousses, sous les pierres, dans les lieux frais, humides, auprès des habitations, dans les celliers, les caves, dans les bois. En hiver, elles s'abritent sous les écorces des vieux troncs pourris ou s'enfoncent dans la terre, près des racines des chênes, des ormeaux, des micocouliers, des platanes, etc., etc.

C'est en automne et au printemps que les Limaces causent de grands ravages dans les champs cultivés, les vergers et les jardins potagers. C'est surtout après les pluies qu'elles

sortent de leur retraite. Elles se cachent pendant l'orage; ces
animaux sont phytiphages, zoophages, et sont très-voraces.
Ils se nourrissent de végétaux succulents, de fruits charnus
et pulpeux, de légumes sucrés, etc.

Les Limaces pondent leurs œufs peu de temps après la
fécondation, ordinairement à la fin de mai ou de juin. Elles
déposent les œufs dans des endroits humides et ombragés
ou dans des galeries souterraines qu'elles se creusent comme
les Arions.

Je donne ici l'analyse chimique de la *Limax agrestis*, que
M. Braconnot en a fait (*Annales de Chimie* — Mars 1846.) Il
a constaté que sur 100 parties, on trouve les principes sui-
vants :

Eau. . . . . 84^{gr}60
Mucus particulier. 8, 33
Matière animale soluble dans l'eau. 1, 18
Limace (substance *sui generis*). . . . . . Quantité indéterminée.
Huile verte, fluide à la température atmosphér. 0, 18
Matière animale soluble dans l'alcool et dans
l'eau. 0, 77

Acide organique uni à la potasse. . . . . Quantité indéterminée.
Carbonate de potasse. 0, 02
Idem de chaux. 2, 64
Phosphate de chaux. 0, 67
Chlorure de potassium et de sodium. 0, 11
Sulfate de potasse. 0, 23
Magnésie. 0, 23
Phosphate de fer. 0, 05
Oxide de manganèse. 0, 01
Silice. 0, 01

98^{gr}95

*Moyens de prévenir les dégâts causés par les Limaces,
les Arions, etc.*

Les meilleurs procédés sont de les attirer en répandant çà
et là, dans les jardins, les plates-bandes, les vignobles, *de
la paille hachée*, de la *sciure* de bois de saule ou mieux de
l'*écorce* de chêne concassée. C'est le *tanin* que cette écorce
contient qui les fait mourir; les *substances alcalines*, les *les-
sives* les font périr promptement. On se sert aussi de suie,
de la chaux, du plâtre.

Mon savant ami, M. le docteur Baudon, vient de publier
dans le *Journal des Cultivateurs* du département de l'Oise
(1858 et 1859), des articles fort intéressants et très-utiles,
intitulés : *Des Mollusques nuisibles à l'agriculture.*

L'auteur désigne avec détail les diverses espèces qui causent le plus de dégâts. Il indique aussi les meilleurs moyens
pour les détruire.

Espèces.

1. LIMAX AGRESTIS, *L. agreste*, Lin.

Drap. 5. — Lam. 4. — Des Moul. 1. Suppl. n° 4.

(*Eulimax*). Moq. Tand. n° 3. p. 22. pl. 2. f. 18 à 22.

L. corpore albido aut cinereo, vel fusco; tentac. nigris.

Var. 1. *albidus*. . . Mull. — Picard. — Moq. pl. 2. f. 18.
2. *cinereus* . . Mull. — Moq. — Fér. p. 5. f. 8?
3. *fuscus* . . . Mull. 209? — Fér. f. 9.
4. *punctatus*. . Mull. — Moq. — Fér. f. 10?
5. *reticulatus*. Mull. — Fér. pl. 5. f. 7.
6. *sylvaticus*.. Drap. pl. 9. f. 11. — Moq. pl. 3. f. 2.

HABITAT et STATIONS : Partout; les parcs, les bois, les
bosquets, vergers, vignobles, prairies, champs, jardins potagers, où cette Limace vorace cause de grands ravages.

La variété *blanchâtre* se trouve dans les taillis de *chêne*, à Gradignan, au château du Tozia. R.

La variété *cendrée* est très-commune dans les prairies et les potagers de Bruges, du Bouscat, de Blanquefort, etc. ; elle aime les *betteraves*, les *carottes*, les *salsifis*, les *laitues*, les *fraises*, etc.

Les autres variétés se trouvent assez souvent dans les sentiers, les haies, les lieux frais, humides, le long des ruisseaux, parmi les *plantes herbacées* et sous *les feuilles* à demi-décomposées.

La variété *sylvatique* habite les côteaux calcaires, les vallons de Cambes, Floirac, Verdelais, Saint-Caprais, au pied des *vieux chênes*, *des hêtres ;* on la trouve également dans les *viminières*.

Plusieurs d'entr'elles se cachent au milieu *des mousses*, (*Hypnum triquetrum, squarrosum*), à Bazas, sur la route de Grignols. (Juin, Juillet.)

2. LIMAX MAXIMUS, *L. très-grande*, Lin.

L. cinereus. Mull. n° 202. — Lam. 3. — Drap. 4. pl. 9. f. 10.

(*Eulimax*) Moq. n° 8. p. 28. pl. 4. f. 1 à 8.

L. antiquorum. Fér. p. 68. n° 1. — Hist. pl. 4. pl. 8. A. f. 1.

L. corpore cinereo suprà maculato.

Var. 1. *vulgaris.* . . . Moq. — Fér. pl. 4. f. 7.
    2. *cellarius.* . . . D'Arg. — Moq. pl. 4. f. 1.
    3. *colubrinus.* . . Grat. — *Serpentinus.* Moq. f. 4.

HAB. et STAT. : Environs de Bordeaux, sur les parois des caves, des celliers. (*Var. 2.*)

La var. *vulgaire* se plait dans les lieux sylvatiques frais et humides, sur les côteaux *argilo-calcaires*, au pied des vieux troncs de *hêtres*, de *chênes*, à Bourg, Floirac, Sainte-Croix-du-Mont; elle se niche parmi les gramens tendres, les *Luzules*, sous les feuilles mortes de *Corylus avellana*, etc.

La var. *colubrinus* existe à Cambes, dans un vallon très-sombre, et se cache entre les feuilles de *viorne*, de *noisetier*, parmi les hypnes (*hypnum parietinum*, *proliferum*, *squarrosulum*); je l'ai trouvée aussi sur quelques hépatiques (*Marchantia conica*, *fragrans*). R.

3. LIMAX ARGILLACEUS, *L. des argiles.* Gassies.

Act. Soc. Lin. Bord. 1858. tom. XII. p. 232.

Affinis *L. agrestis*. L. et etiam *L. maximi*. L.

L. corp. maximo, cinereo-subfusc. suprà punctato.

HAB. et STAT. : Cette grande et belle espèce, découverte et très-bien décrite par mon savant ami, M. Gassies, habite le *plateau calcaire* de Lormont, près de Bordeaux, dans les terrains *argilo-marneux;* elle se nourrit de plantes herbacées fraîches et même de substances animales. (M. Gassies.)

4. LIMAX VARIEGATUS, *L. tachetée.*

Drap. 9. — Lam. 15. — Encycl. t. 85. f. 2.

(*Eulimax*) Moq. pl. 3. f. 3 à 9.

Limacella unguiculus. Brard. pl. 4. f. 3. 4.

L. corpore lutescente, fusco-variegato; tentac. cœruleis.

Var. 1. *flavus*. . . Lim. *flavus*. Lin. non Mull. (Fid. Moq.)
2. *flavescens* . Fér. pl. 5. f. 3.
3. *brunneus* . Fér. pl. 5. f. 5. 6.
4. *maculatus* . Fér. pl. 5. f. 1. 2 ?

HAB. et STAT. : Bordeaux et sa banlieue.

Se plaît dans les endroits frais, les caves humides, les celliers, les parois des puits champêtres; se trouve dans les allées d'ormeaux, à Pellegrin, les bois taillis de *chêne Tauzin*; se rencontre aussi au pied des *vieux acacias*, à Talence, chez M. Gaden, et des *saules marceaux*, à Arlac. CC.

5. LIMAX MARGINATUS, *L. marginée*. Mull.

Drap. 5. pl. 9. f. 7. — Lam. 11. — Fér. Prodr. 10.

(*Amalia*) Moq. n° 2. p. 21. pl. 2. f. 4 à 17.

L. corp. cinereo, punctato; clypeo tesselato, utrinq. fasciato; dorso carinato.

Var. 1 *rusticus*. Mill. Mag. zool. pl. 73 f. 1 ?

HAB. et STAT. : Les taillis sylvatiques des côteaux argilo-calcaires etc.; de la rive droite de la Garonne, *Bassens*, *La Tresne*.

Elle se plaît parmi les écorces, sur les racines et dans les excavations des vieux chênes (*Quercus robur*); sur les troncs pourris des *hêtres* et des *platanes*, à Floirac.

La var. rustique se cache dans les fissures et les crevasses des vieilles murailles, des ruines (à *Langoiran*, à *Villandraut*); sous les débris des tuiles, sous les pierres calcaires, couvertes de mousses dans les fossés de Cadillac et de la citadelle de Blaye.

6. LIMAX GAGATES, *L. Jayet.*

Drap. 1. Hist. pl. 9. fig. 1. 2.

(*Amalia*) Moq. n° 1. p. 19. pl. 2. f. 1 à 3.

L. corp. virescente aut. nigro; clypeo granuloso; dorso carinato, sulco marginali.

Var. 1. *plumbeus*. . . Fér. pl. 6. f. 1-2.

2. *aterrimus*. . . Grat. an Sp. nov. ?

HAB. et STAT. : La première variété se trouve le long des chemins ombragés argilo-sablonneux, parmi les gazons, les Luzules (*Luz. campestris* et *vernalis*); le *Triticum repens*.

On la trouve aussi dans les terrains marécageux et les fossés, parmi les *Juncus articulatus* et *buffonius*.

La seconde variété est d'un noir très-foncé en dessus, brunâtre en dessous ; elle se plaît dans les lieux secs, sablonneux, le long des chemins et des haies *d'acacias*. Je l'ai trouvée assez commune aux *sablières* de Pellegrin, le long de la palissade du domaine de M. Johnston, à la surface des sables siliceux brûlants, en Juillet et Août, dans lesquels elle s'était desséchée et comme *momifiée*, ayant conservé tous ses caractères extérieurs.

Ce fait curieux m'a conduit à divers essais artificiels : c'est ainsi que je suis parvenu à dessécher des Limaces et autres Mollusques testacés, les animaux des grandes *Hélices*, les ayant exposés dans un bassin de cuivre rempli de sable placé sur un fourneau ardent.

7. LIMAX TENELLUS, *L. gélatineuse?* Mull.

Drap. 9. — Lam. Desh. 14.

L. parvul. virescente; tentaculi nigrescentibus.

HAB. et STAT. : Les petits fossés des bois, les lieux humides, ombragés ; souvent nichée sous les écorces dans les forêts de pins, au pied des vieux troncs pourris, à Arcachon, à Pessac, à Cestas.

Cette Limace est printannière et très-visqueuse; elle se cache aussi sous les feuilles mortes de *chêne*, de *houx*, des *arbousiers* et parmi celles du *pin maritime*, entassées dans la forêt.

8. LIMAX PARVULUS, *L. naine?*

Normand. Descr de Limaces nouvelles, n° 6, p. 8. — Moq. n° 13. p. 32. — Affin. *L lævis.* Mull.

L. corpore minimo, gracili, suprà nigro, subtùs fulvo; clypeo striato, elongato.

Hab. et Stat. : Je range cette petite Limace, avec doute, sous la dénomination de *Lim. parvulus*, me paraissant avoir les caractères de celle qu'a publiée mon savant ami, M. Normand, de Valenciennes ; elle habite les bords de la rivière, de la Jalle, à Saint-Médard, sous les débris de tuiles et de pierres calcaires, mousseuses ; je l'ai trouvée aussi sur les *Marchantia cruciata* de cette localité : elle n'y est pas commune.

˙ Une coquille rudimentaire dorsale.

IIIᵉ Genre. — TESTACELLA. Cuvier.

Animal gastéropode rampant, limaciforme, ellipsoïde, pourvu d'une très-petite coquille externe, aplatie, auriforme, située sur le dos à l'extrémité caudale ; cuirasse, nulle ; un manteau rudimentaire, très-mince à la place ; quatre tentacules rétractiles ; les plus grands oculés au sommet ; mâchoire nulle ; orifice pulmonaire à droite, au-dessous de la coquille ; orifice génital à la base du grand tentacule.

Les *Testacelles* sont zoophages et se nourrissent de Lombrics terrestres ; ils sont nocturnes et vivent sous terre au-dessous des racines des plantes, etc. ; elles sortent de leur retraite dans la nuit et surtout après les pluies. Les œufs qu'elles pondent sont isolés, ovales, assez gros, à coque calcaire (M. Moq.)

Espèces.

1. Testacella haliotidea, *T. Ormier.*

> Faure-Biguet. Bullet. des Sc. n° 61.—Drap. pl. 8. f 43 à 48. pl. 9. f. 12 à 14. — Cuvier. Ann. Mus. t. 5. p. 440. pl. 29. f. 6-7. — Féruss. Hist. pl. 8. f. 8 à 12, — Dup. n° 1. t. 1. f. 1. — Desh. Dict. Enc. t. 3. p. 1033.

T. corp. limacoideo, tenuiter rugoso; rugis regularibus; disco lato.

2. TESTACELLA MAUGEI , *T. de Maugé.* Fér.

Hist. pl. 8. f. 10-12.

T. Burdigalensis. Grat. et Raulin. Catal. des Moll. de la France. n° 4.

T. corpore rugoso, lutescente, valdè maculato; tentac. brevioribus.

HAB. et STAT. : Gradignan, Cestas, Landiras, Blanquefort, etc. ; les landes girondines, au-dessous des bruyères (*Erica polytriehoides, scoparia, cinerea, tetralix, ciliaris*) ; dans les jardins, sous les groseillers et les framboisiers ; le jardin du château du Tozia , à Gradignan. CC.

** *Testacés.*

2ᶜ Famille. — HÉLICÉENS. Pfeiffer.

COLIMACÉS. Moquin.

Gastéropode pourvu d'un tortillon spiral, recouvert d'un manteau et entouré d'un collier mince, cernant le cou ; pied distinct du corps ; orifice pulmonaire dans le collier, près de la cavité anale ; organe générateur à orifice commun du côté droit ; mâchoire solitaire ; quatre tentacules rétractiles ; coquille complète de forme variée.

La famille des Hélicéens est composée de huit genres : VITRINE, AMBRETTE, ZONITE, HÉLICE, BULIME, CLAUSILIE, MAILLOT, VERTIGO. (Moq.)

IVᶜ Genre. — VITRINA, *VITRINE.* Drap.

Animal allongé, limaciforme, plus grand que sa coquille ; corps spiral séparé du pied postérieurement ; mâchoire arquée, sans dents ; orifices respiratoire et génital , à droite ;

quatre tentacules ; les deux supérieurs oculés, les deux inférieurs très-courts.

Coquille petite, subglobuleuse, très-mince, fragile, translucide, à large ouverture ; spire brève de près de quatre tours.

Les Vitrines sont phytiphages. Elles habitent les lieux frais, humides, ombragés, sur la terre, sous les pierres, dans les bois, au milieu des mousses, des lichens, parmi les feuilles tombées et décomposées dont elles se nourrissent.

Espèces.

1. VITRINA PELLUCIDA , *V. transparente.* Mull.

> Lam. 1. — Des M. 1. — Dup. n° 3. pl. 1. f. 7. —
> L. Pfr. n° 1. — Rossm. 1. f. 28. — Reev. 2. t. 160.
> f. 1. — *Helix pellucida.* Mull. n° 345.
>
> *Vitrina beryllina.* C. Pfr. t. 3. f. 1.
> *Helicolimax pellucida.* Fér. pl. 9. f. 6. — Moq. n° 5.
> pl. 6. f. 33 à 36.

*Test. depressâ, imperforatâ, nitidissimâ, vitreâ, lutesc. aut virescente; anfract. 3-4. — Alt. 6-8*mill. *— Diam. 4-6.*

HAB. et STAT. : Dans les forêts, les bois de chênes, d'ormeaux, d'acacias; sous les pierres humides; parmi les mousses. (*Dicran. scoparium; Hypn. purum, cuspidatum, prælongum. Peltigera horizontalis,* etc.)

2. VITRINA DIAPHANA , *V. diaphane.* Drap.

> Hist. n° 2. pl. 8. f. 38-39. — Dup. n° 2. pl. 1. f. 5.
> (*Hyalina.*) Moq. n° 2. pl. 6. f. 5 à 8. — Lam. 2. —
> L. Pfr. n° 4. — C. Pfr. pl. 3. f. 2.
>
> *Hyalina vitrea.* Stud. — *Helicolim. vitrea.* Fér. pl. 9. f. 1.

*T. ovato-oblongâ, depressâ, imperforatâ, pellucidâ, fragili; anfr. 2-3. — Alt. 6-7*mill. *— Diam. 3-4.*

6

HAB. et STAT. : Espèce montagnarde qu'on trouve aux environs de Bordeaux, sous les feuilles mortes, les haies, dans les bosquets, au milieu des mousses, à Caudéran, au Bouscat, etc. ; je l'ai trouvée sur la *Jung. complanata,* à Pellegrin, au Tondu. Elle s'élève jusqu'à 1,250^m dans les Vosges. (Puton.)

3. VITRINA ANNULARIS, *V. annulaire.* Gray.

L. Pfr. n° 2 — Moq. n° 6. pl. 6. f. 37 à 40.

Hyalina annularis. Stud. — Venetz.
Vitrina subglobosa. Mich. Compl. pl. 15. f. 18-20.
(*Helicolimax*) Fér. n° 8. pl. 9. f. 7. — Dup. n° 5. pl. 1.
f. 8. — Fischer. in Act. Soc. Lin. t. 18. p. 492.

T. subglobosâ tenuissimâ, fragilissimâ, hyalinâ, virescente; anfr. 3-4. — Alt. 4-5^{mill}*. — Diam. 5-6.*

HAB. et STAT. : Environs de Bordeaux, à Lescure, chez M. Johnston, sous les pierres, parmi les mousses, au pied des chênes. (*Hypn. cupressiforme; Dicran. sciuroides.*)

4. VITRINA DRAPARNALDI, *V. de Draparnaud.* Cuv.

Règne anim. t. 2. p. 405. — Leach. Syn. p. 98. — Gray, Man. p. 120.

Vitrina pellucida. Drap. pl. 8. f. 34-37.
Helicolimax major. Fér. père. — Moq. n° 4. pl. 6.
f. 14 à 32.

T. subglobosâ, depressâ, tenui, fragili, translucidâ, lutesc.-viridi; anfr. 3. — Alt. 6-8^{mill}*. — Diam. 4-6.*

HAB. et STAT. : Les bois sur terre, au milieu des mousses et des lichens peltigères, dans les endroits humides. (*Dicran. glaucum, scopar; Hypn. cuspidat; Peltigera canina, aphtosa.*) Parc de Pellegrin ; les bois de chêne, à Virginia (Caudéran) ; sur le bord d'un ruisseau, à Blanquefort.

5. VITRINA ELONGATA , *V. allongée*. Drap.

> Hist. n° 3. pl. 8. f. 40 à 42. — Des M. Cat. Suppl. p. 215.
>
> Lam. 3. — L. Pfr. 6. — Dup. n° 1. pl. 1. f. 4.
>
> (*Helicolimax*) Fér. pl. 9. f. 1. — (*Hyalina*) Moq. n° 1.
> pl. 6. f. 1-4.

T. imperforatâ, convexiusculâ, diaphanâ, tenuissimâ, virescente; anfr. 1-2. — *Alt.* 4-5^{mill}. — *Diam.* 3.

HAB. et STAT. : Les côteaux calcaires, à Cambes, Saint-Caprais (M. Des Moulins); les lieux ombragés; sous les feuilles tombées, à Gradignan, Cestas, Grignols; dans les bois de chênes, de pins, les châtaigneraies. (Sur le *Peltigera resupinata.*)

Ve Genre. — SUCCINEA , *AMBRETTE*. Drap.

ANIMAL limaciforme, épais, pouvant à peine être contenu dans sa coquille; pied allongé; mâchoire édentée; orifice pulmonaire au bord du collier; orifice génital à droite, derrière le tentacule supérieur; quatre tentacules: les supérieurs conoïdes, les inférieurs grêles, très-courts.

Coquille oblongue, mince, translucide, jaune ou verdâtre, à spire courte; l'ouverture ample, à bords tranchants.

Les Ambrettes, bien qu'elles habitent le voisinage des eaux douces tranquilles, ne sont pas amphibies; elles nagent néanmoins et sont voyageuses autour des ruisseaux, des fossés aquatiques, grimpent sur les arbustes, se tiennent sur les cypéracées, les scirpes, les joncs et autres plantes herbacées dont elles se nourrissent.

Espèces.

1. SUCCINEA PUTRIS , *A. amphibie*. Lin.

> Drap. n° 1. pl. 3. f. 22-23. — Dup. n° 5. p. 77. pl. 1.
> f. 13. — Moq. n° 1. p. 55. pl. 1. f. 1 à 5. —
> C. Pfr. 1. pl. 3. f. 36 à 38. Des M. 1.
>
> (*Cochlohydra*) Fér. Hist. pl. 11. f. 4-8-9.

*Test. ventricoso-oblongâ, tenuiter striatâ, virente vel lutesc.;
anfr. 2-3. — Alt. 15-25mill. — Diam. 9-14.*

HAB. et STAT. : Partout dans le département, sur les bords
des rivières, des ruisseaux, des fossés, des mares; vit
sur les *Typha*, les *Iris*, les *Salicaires;* sur les tiges du
Lysimachia vulgaris; sur le *Sium angustifolium, nodiflorum;*
sur le *Schœnus fuscus,* le *Juncus acutus,* le *Scirpus lacustris,
nigricans;* sur l'*Hippuris vulgaris,* en Médoc. Je l'ai trouvée
sur les feuilles du *Saule pleureur,* à Blanquefort; sur celles
de l'*Arundo phragmites,* à Bassens, à Blaye, à Pauillac. CC.

M. Moquin-Tandon distingue neuf variétés, l. c. p. 54.
Nous avons dans le pays les var. *carnea, Brardia, Drouetia,
vitrea, opaca.*

M. Guestier en a découvert, à Beychevelle, une superbe
variété très-grande, d'un jaune orangé (sur les *joncs,* dans
les vimières); le Dr Mahieu en a observé une autre variété,
albine, petite, dans les marais, à Lesparre.

2. SUCCINEA PFEIFFERI, *A. de Pfeiffer.* Rossm.

Rossm. Iconogr. 1. p. 92. f. 46. — L. Pfr. n° 2.
p. 514. — Moq. n° 3. pl. 7. f. 8 à 31. — Dup.
n° 3. p. 73. pl. 1. f. 12. — Gray. Man. p. 179.
t. 6. f. 74.

Succ. amphibia. Var. δ, γ. Dr. — *Succ. gracilis. Alder.*

*Test. oblongâ, subventric. tenui, subtilissimè striatâ; anfr.
3-4. contortis — Alt. 12-20mill. — Diam. 8-12.*

HAB. et STAT. : Environs de Bordeaux; les prairies de
Rivière, des allées Boutaut, de Bruges, du Bouscat; sur
les tiges des plantes aquatiques; sur les *joncs,* les *scirpes;*
sur les feuilles de *berle* et d'*argentine,* etc., etc. Nous avons
la variété *ochracée* et une autre variété *blonde,* très-petite,
dans les prés humides, à Lesparre (Médoc).

3. Succinea oblonga, *A. oblongue.* Drap.

> Dr. Hist. pl. 3. f. 24-25. (non *Turton*).— Moq. n° 4.
> p. 61. pl. 7. f. 32-33.— Dup. n° 2. p. 71. pl. 1. f. 9.
> — C. Pfr. 1. pl. 3. f. 39. — Rossm. Ic. 1. p. 9-2.
> f. 47. — Lam. éd. Desh. n° 3. — L. Pfr. n° 6.

Succ. humilis. Drouët. Catal. Moll. Fr.

Amphibulima oblonga. Lam. An. Mus. t. 4. p. 306.

Amphibulina oblonga. Hartm.

Test. ovato-oblongâ, subtiliter striatâ; anfr. 3-4. contortis.—
Alt. 6-9mill. — Diam. 4-5.

Hab. et Stat. : Auprès des fossés, des viviers, des ruisseaux, des étangs, dans les prairies; vit sur les plantes herbacées, principalement sur les scirpes et certains joncs, etc.
(*Scirp. nigricans, lacustris; Juncus Bufonius*, etc.) R.

Je l'ai trouvée à Beautiran, chez M. Garnier, sur des
feuilles mortes de *Fléchière*, au bord d'un petit étang; le
Dr Mahieu l'a constatée aussi aux environs du Lazaret, en
Médoc, sur les tiges du *Butomus umbellatus* et sur le *Cyperus
longus.*

VI° Genre. — ZONITES, *ZONITE.* Montfort.

Animal allongé, contenu en entier dans sa coquille, muni
d'un collier épais, légèrement bilobé; pied ovale; mâchoire
arquée, édentée; orifice respiratoire à droite du collier;
orifice génital à la base du cou; quatre tentacules cylindriques rétractiles; les deux supérieurs assez longs, les inférieurs courts.

Coquille subdéprimée, ombiliquée ou perforée, mince,
vitrée, transparente, à spire courte.

Les Zonites ont des mœurs timides, les mouvements lents;
elles répandent une odeur alliacée; elles fuient en général la

vive lumière ; se tiennent la plupart dans les lieux sombres , humides, sous les pierres , les décombres , parmi les feuilles décomposées : un grand nombre s'enfoncent dans la terre , où elles pondent leurs œufs ; elles sont omnivores et plutôt zoophages que phytiphages.

Voici les Zonites observées dans la Gironde. Je suivrai la division de M. Moquin , comme étant la plus naturelle :

Espèces.

A. *conulus.* Moq.

1. ZONITES FULVUS , *Z. fauve.* Mull.

Conulus fulvus. Fitz. Syst. — Moq. n° 1. pl. 8. f. 1-4.
Helix fulva. Mull. n° 249. — Drap. n° 7. pl. 8. f. 12-13.
— Dup. t. 7. f. 11. — Rossm. 8. f. 535. — C. Pfr.
t. 2. f. 2. — Chemn. 2ᵉ éd. n° 212. t. 30. f. 22-24.

Test. parvulâ, turbinato-globosâ, fulvâ, imperforatâ, nitidâ ; anfr. 5-6. — Alt. 2-3ᵐⁱˡˡ. — Diam. 2-4.

HAB. et STAT. : Cestas, près de Bordeaux , sur des débris de bois de *pin maritime ;* sur les bouses de vaches ; sous les mousses. (M. Souverbie.) Avril. RR.

B. *aplostoma.* Moq.

2. ZONITES NITIDUS , *Z. brillante.* Mull.

Moq. n° 3. pl. 8. f. 11 à 15. — Lam. éd. Desh. n° 97.
— L. Pfr. n° 231.

Helix nitida. Mull. n° 234. (non Drap.) — Dup. n° 62.
pl. 10. f. 4. — Rossm. 1. f. 25. — Des M. 19.

Hel. lucida. Drap. pl. 8. f. 11-12. — C. Pfr. t. 2. f. 19.

T. globoso-depressâ, umbilicatâ, tenui, nitidâ, corneo-fuscâ subtilissimè striatâ ; anfr. 5. — Alt. 3-5ᵐⁱˡˡ. — Diam. 5-8.

HAB. et STAT. : Les lieux frais, humides, marécageux ;
sous les feuilles pourries; sous les décombres ; pépinière de
Bordeaux ; bords des ruisseaux , à Bruges , Eysines ; les prairies , à Pauillac , etc.

3. ZONITES INCERTUS , *Z. incertaine.* Drap.

> Hist. n° 43. f. 8-9. (non Férus.) — Dup. pl. 10. f. 2.
>
> *Helix olivetorum.* Gm. n° 170. — Lam. éd. Desh. n° 47.
> — L. Pfr. 213.
>
> (*Helicella*) Fér. n° 205. pl. 82. f. 7-9. — Moq. n° 4.
> pl. 8. f. 8-9. — Rossm. 8. f. 922.

*T. orbiculato-depressâ, nitidâ, apertè umbilicatâ, pellucidâ,
suprà corneo-rufâ, subtùs albidâ; anfr.* 5-$\frac{1}{2}$. — *Alt.* 9-12^{mill}.
— *Diam.* 15-20.

HAB. et STAT. : Souterraine ; les lieux sylvatiques élevés ;
sous les arbustes (*Cist. alyssoides ; Daphne cneorum*); les
côteaux calcaires de l'Entre-deux-Mers ; Rauzan, Sauveterre ;
Saint-Symphorien , près Villandraut ; Saint-Émilion , Sainte-
Terre. R. — S'élève, à Baréges, à 1,800^m. (De Saulcy.)

4. ZONITES LUCIDUS , *Z. lucide.* Gray.

> Moq. n° 5. pl. 8. f. 29. à 35. — C. Pfr. 1. t. 2. f. 19.
> — Dup. n° 67. pl. 10. f. 8.
>
> *Helix nitida.* Drap. pl. 8. f. 23-25. — Mull. n° 234. —
> Rossm. 1. f. 25.
>
> *Helicella Draparnaldi.* Beck.

T. orbiculato-depressâ, tenui, corneo-lucidâ, striatâ; anfr. 5.
— *Alt.* 6-10^{mill}. — *Diam.* 15-20.

HAB. et STAT. : Lieux humides , ombragés; sous les feuilles
en décomposition; dans les bois; les cavernes creusées dans
la roche calcaire de l'Entre-deux-Mers ; environs de Bazas,
de Grignols; Seige. (M. Des Moulins.)

5. Zonites cellarius , *Z. des celliers*. Mull.

> Moq. n° 6. pl. 9. f. 1-2. — C. Pfr. 1. t. 2. f. 29-30.
> — Rossm. 8. f. 527. — Brard. n° 7. pl. 2. f. 3-4.
> — Dup. pl. 10. f. 7.
> *Helix cellaria*. Mull. 230.—Lam. n. 96.—Fér. n° 212.
> *Helix lucida*. Des M. n° 20. — *Zonites lucidus*. Leach.

T. orbiculato-depressâ, planiusculâ, umbilicatâ, pellucidâ, striatulâ, corneâ, subtùs lacteâ; anfr. 6. — Alt. 4-6ᵐⁱˡˡ.—Diam. 10-15.

Hab. et Stat. : Lieux frais, autour des habitations, des puits champêtres; les caves humides, obscures; les celliers, etc. CC.

6. Zonites alliarius , *Z. alliacée*. Miller.

> Gray. in Turt. p. 168. f. 39. — Moq. n° 8. pl. 9.
> f. 9 à 11. — Chemn. 2. éd. Hel. n° 508. t. 83.
> f. 10-12.
> *Helix fœtida*. Stark. — *H. alliacea*. Jeffr. — *Helicella alliaria*. Beck.
> Var. *a. glabra*. — *Hel. glabra*. Stud. — Dup. t. 10. f. 6.
> *Helicella glabra*. Fér. 215. (*Hyalina*) de Charp. Cat.
> n° 46. pl. 1. f. 22. *a. b. c*. — *Zonit. glaber*. Moq.
> n° 7. pl. 9. f. 3 à 8.
> Var. *b. nitidosa. Hel. — nitidosa*. Fér. — *Zonit. purus*.
> Moq. n° 12. pl. 9. f. 22 à 26. — Gray. in Turt. f. 50.
> *Helix pura*. Alder. Cat.

T. convexo-depressâ, vel discoideâ, politâ, umbilicatâ, corneo-fulvâ, fragili, nitidâ; anfr. 5. — Alt. 4-6ᵐⁱˡˡ. — Diam. 8-15.

Hab. et Stat. : Sous les pierres, dans les lieux frais et humides; parmi les feuilles mortes et au milieu des mousses, au pied des arbres; sur le bord des fontaines, etc. R.

La var. *a*., la pépinière de la Gironde; les haies, à Saint-Morillon, chez M. Bleynie; les bois, sur le *Dicr. scoparium*.

La var. *b.*, le parc de Pellegrin, le long du mur, à l'ouest ;
sous les feuilles d'*Acer campestris*, de *Quercus robur*, de
Platanus occidentalis. R.

7. ZONITES NITIDULUS , *Z. nitidule*. Drap.

> Var. *a*. Hist. n° 55. pl. 8. f. 21-22. — Des M. n° 21. —
> Lam. Desh. n° 127. — Rossm. Ic. 7. f. 24. pl. 8. f. 526.
> — Chemn. 2ᵉ éd. n° 542. t. 83. f. 20-22. — Dup.
> n° 64. t. 10. f. 5.
> *Helicella nitidula* Fér. 213. — L. Pfr. n° 229.
> *Zonites nitidulus*. Gray. f. 136. — Moq. n° 9. pl. 9.
> f. 12-13.

*T. minimâ, discoideâ, latè-umbilic. sub pellucidâ, supernè
corneâ, subtùs albidâ; anfr.* 4-¹/₂. *— Alt.* 4-6ᵐⁱˡ. *— Diam.* 7-10.

HAB. et STAT. : Lieux frais , ombragés; sous les pierres ;
les feuilles décomposées ; entre les mousses ; au pied des
chênes (*Leskea sericeo ; Dicr. sciuroides ; Hypn. illecebrum*).
les côteaux , à la base des rochers ; les vallons , à Beaurech ;
Cambes, Sauveterre; au bord des fontaines, sur le *Mnium
fontanum, Bryum ligulatum*.

8. ZONITES NITENS , *Z. luisante*. Gm.

> *Helix nitens*. Gm. — Moq. n° 10. pl. 9. f. 14-18. —
> Dup. n° 68. t. 11. f. 2. — Mich. n° 77. pl. 15. f. 1-3.
> — Chemn. 2ᵉ éd. n° 510. t. 83. f. 13-16. — L. Pfr.
> n° 228 — Rossm. 8. f. 524-525. — *Hel. tenera.*
> Faure. Big. — *Hel. splendidula*. Ziegl. ex L. Pfeiff.
> symb. (fide Hartm.)

> Var. *a. arborea.*

*T. discoideâ, parvulâ, latè umbilic. lucidâ, fulvâ, diaphanâ,
glabriusculâ; anfr.* 4-¹/₂. *Alt.* 4-5ᵐⁱˡˡ. *— Diam.* 8-12.

HAB. et STAT. : Côteaux argileux sylvatiques de l'Entre-
deux-Mers; les parcs, les bois; parmi les mousses (*Neck.
viticulosa*); sous les feuilles mortes.

La var. *a.* vit sur le tronc des platanes (*Pl. occidentalis*);
Médoc, Château-Margaux. (Juillet-Août.)

9. ZONITES RADIATULUS , *Z. rayée.* Alder.

> *Hel. radiatula.* Ald. Cat. n° 60. — Dup. n° 69. t. 11. f. 4.
> *Hel. nitidula.* Dr. var. *B.* pl. 8. f. 21-22. — *Zonit.*
> *striatulus.* Moq. n° 11. pl. 9. f. 19-21. — Gray.
> in Turt. n° 52. — Chemn. n° 511. t. 83. f. 17-19.

*T. conoideâ, radiante, parvulâ, concolore rufâ, pellucidâ,
subtilissimè striatâ; anfr.* 4-5. — *Alt.* 3-4^{mill}. — *Diam.* 4-5.

HAB. et STAT. : Les forêts de pins maritimes; parmi les débris des écorces et des feuilles; la Teste, Arcachon (Dr Souverbie); sur le tronc des vieux arbres, à Saint-Symphorien.

10. ZONITES CRYSTALLINUS , *Z. crystalline.* Gray.

> Man. t. 4. f. 42. — Moq. n° 13. pl. 9. f. 26-29.
> *Helix crystallina.* Mull. n° 223. — Lam. Desh. n° 128.
> — Drap. n° 56. pl. 8. f. 13-17. — Fér. n° 223. —
> Des M. n° 22. — C. Pfeiff. 1. t. 2. f. 36. — Rossm. 8.
> f. 531. — Dup. n° 72. t. 11. f. 6.

*T. discoideâ, subplanatâ, fragili, perforatâ, vitreâ, diaphanâ;
anfr.* 4-5-1-2. — *Alt.* 1-2^{mill}. — *Diam.* 2-3.

Var. *a. hydatina.* Dup. n° 71. pl. 11. f. 5.
> *Hel. diaphanella.* Krynick. (fid. L. Pfr.).

Var. *b. hyalina.* Drap. n° 73. pl. 11. f. 9.
> *Hel. contorta.* Held. in Isis. (fid. L. Pfr.).

HAB. et STAT. : Les deux variétés vivent sous les haies;
sous les pierres, au pied des vieux murs; dans les bois;
parmi les mousses (les *Polytrichs; Hypn. palustre, cordifol.
cuspidat. cupressiforme; Bartramia. vulgaris*, etc.).

La var. *a.* se trouve sous les feuilles tombées d'*Acer campestris;* le long du mur de Pellegrin. CC.

VIIᵉ Genre. — HELIX, *HÉLICE*. Lin.

ANIMAL : Offre les caractères principaux de la famille.

Le corps est spiral et contenu en entier dans sa coquille ; le cou entouré d'un collier épais, légèrement bilobé ; l'orifice respiratoire, situé à la partie droite du cou et contigu aux orifices génital et anal ; quatre tentacules cylindriques ; les supérieurs oculés, assez longs ; les inférieurs courts.

COQUILLE de forme variée, ou globuleuse, orbiculaire ou déprimée, ou carénée, ou planorbique, ou trochoïde.

Les Hélices habitent les plaines, les vallons, les collines, les endroits frais, ombragés du département ; ils se cachent dans les haies, sur les arbustes, les crevasses du tronc des arbres, les fissures des rochers ou des vieux murs ; sous les pierres, les décombres ; sous les feuilles ; parmi les mousses.

Ils se nourrissent en général de végétaux frais, de bourgeons, de feuilles tendres, de fruits, de bois pourris ; ils aiment le pain, la farine, le sucre, les mucilages, le papier.

Certaines espèces sont très-voraces et causent de grands ravages dans les jardins, les vergers, les vignobles.

Le nombre des Hélices vivants dans la Gironde est d'environ 35 à 40.

Pour la distinction des espèces, j'ai adopté, en les modifiant, les sous-genres établis par Férussac.

Sous-Genre Iᵉʳ. — HELICOGENA. Fér.

§ Iᵉʳ. — *Coquille globuleuse, perforée.*

1. HELIX POMATIA, *H. vigneronne*. Lin.

Fér. pl. 21-24. f. 2. — Moq. nᵒ 32. pl. 14. f. 1 à 9. — Drap. 18. pl. 5. f. 20-22. — Dup. 4. pl. 2. f. 4.

Cette grande et belle espèce ne vit pas dans la Gironde, bien qu'elle existe dans les départements limitrophes (de la

Dordogne, du Lot-et-Garonne). On ne l'a trouvée qu'à l'état sub-fossile dans les alluvions de la Garonne, à Paillet, à Cadillac, etc.

Les essais curieux que M. Coudert, amateur distingué d'histoire naturelle, a faits dans sa propriété de *Sépie*, auprès de Bordeaux, démontrent qu'il serait possible d'acclimater cette Hélice dans le département. Il n'a pas voulu donner suite à ses tentatives dans la crainte d'introduire une espèce aussi nuisible à l'agriculture, et on ne saurait assez louer sa prudence.

§ II. — *Coquille sub-globuleuse, imperforée.*

2. Helix aspersa , *H. chagrinée.* Mull.

Mull. n° 253. — Fér. n° 31. pl. 18 et pl. 24. f. 3. — Drap. 18. pl. 5. f. 33. — Dup. n° 5. pl. 3. f. 1 à 9. — Moq. n° 31. pl. 13. f. 14 à 32. — Lam. 9. — Des M. 3. — Desh. Dict. n° 77.

Test. subglobosa, imperforata, rugosiuscula, griseo-lutescente vel fuscâ; fasc. marmoratis; anfr. 4-5. — Altid. 25-45^{mill}. — *Diam.* 24-48.

Var. *a. griseo-marmorata.* Dillw. 127.

b. virescens, concolor. Requien.

c. minor, nigricans. Fér. pl. 21. B.

d. sinistrorsa. Fér. pl. 19. f. 1-2.

e. scalaris. Fér. f. 3-9.

f. minor, subnigra.

Hab. et Stat. : Partout; beaucoup trop commune à raison de sa voracité; vit dans les vignes, les potagers, les vergers, les bois, les vieux murs, les fentes des rochers.

On la trouve dans les forêts de pins maritimes; sur les *Arbousiers*, les *Houx*, les *Spartium scoparium*, etc.

Elle s'élève à Baréges (Hautes-Pyrénées), à 1000 mètres.

Les variétés sénestres et scalaires, dans les haies, les vignes, à Talence, Caudéran, Gradignan. R.

3. HELIX NEMORALIS, *H. némorale.* Lin.

> Mull. 246. — Drap. 22. pl. 6. f. 3-5. — Dés M. 4.—
> Fér. pl. 33-34-39. A. f. 3-4. — Dup. n° 16. pl. 5.
> f. 7. et pl. 6. f. 1. — Moq. n° 28. pl. 13. f. 1. à 6.

Test. subglob. imperforatâ, tenuissimè striatâ, versicolore, sæpius fasc. — apert. subrot. — perist. reflexo, fusco; anfr. 5-6. — Alt. 12-18ᵐ. — Diam. 18-30.

> Var. *a. concolor : citrina, aurantiaca, castanea, fulva.*
> *subnigra; aut evanid.-sulfurea. — Hel. libellula*
> (Risso).
>
> *b. concolor : candida, vel albina.*
>
> *c. fasciata.* Fasc. 1-2-3-4-5. — Raro. 6-7.
>
> *d. perlucens* vel *translucida.* Moq.
>
> *e. sinistrorsa.* Chemn. t. 9. pl. 109. f. 924.
>
> *f. scalaris.* Fér. pl. 28. B. f. 10.

HAB. et STAT. : Partout, dans la contrée. CC. ; vit dans les bois, les bosquets, les vignobles, les haies, les chemins, les collines; sur les arbustes, les arbrisseaux, les murs; on la trouve dans le littoral maritime sur le *Sarothamnus scoparius;* l'*Arbutus unedo*, l'*Evonimus europæus*, l'*Ilex aquifolium.*

Se distingue de l'espèce suivante par son plus grand volume, par la couleur brune du péristome et par son habitation plus sylvatique.

4. HELIX HORTENSIS, *H. des jardins.* Mull.

> Mull. n° 247.— Lam. 59. — Des M. 5. — Fér. pl. 35-
> 36-39. B. — Drap. 25. pl. 6. f. 6. — Dup. n° 17.
> pl. 6. f. 2. — Moq. n° 29. pl. 13. f. 7-9.

Test. subglob. imperforatâ, citrinâ, fasciatâ aut concolore velut H. nemoral. verum minore; perist. albo; anfr. 5. — Alt. 10-15ᵐ. — Diam. 15-20

An *præcedentis varietas ?* — Lud. Pfeiff. putav. in Monogr. 1. p. 277.

Var. *a. concolor* : *citrina, albida, rosea, violacea, rufa.*

    b. fasciata, ut *H. nemoralis.*

    c. sinistrorsa. Fér. pl. 35. f. 10.

    d. scalaris. Fér. pl. 36. f. 11-12.

HAB. et STAT. : Habite presque les mêmes localités que l'espèce précédente ; mais moins répandue.

Elle est plus fréquente aussi dans les jardins que dans les forêts ; elle est moins vorace que l'*Helix nemorale* ; on trouve des variétés charmantes de couleur dans l'Entre-deux Mers.

Je ne l'ai jamais observée dans les pignadas, ni sur le littoral océanien du département.

Les variétés sénestres et scalaires sont fort rares.

Sous-Genre II⁰. — HELIOMANA. Moq.

5. HELIX PISANA , *H. rhodostome.* Mull.

    Mull. 255. — Lam. 61. — Des M. 2. — L. Pfeiff. n⁰ 394.

    Hel. rhodostoma. Drap. pl. 5. f. 13-15. — Moq. n⁰ 70. pl. 19. f. 9 à 20. — Dup. n⁰ 99. pl. 14. f. 3.

Test. subglobosâ, perforatâ, solidâ, glabrâ albidâ aut lutescente diversissimè castaneo-fasciatâ ; perist. roseo; anfr. 5-6. — Alt. 15-20ᵐ. — Diam. 12-24.

Var. *u. concolor* : *albina, luteola.* — C C. *ubiquè.*

    b. depicta. Grat.

    c. lineolata. Moq. — C. *ubiquè.*

    d. maritima. Des M. — *T. lutesc. fasciis evanidis.*

    e. sinistrorsa.

    f. scalaris.

HAB. et STAT. : Les lieux cultivés, les vignes, les jardins, les vergers, les chemins, les prés, les haies; sur les chardons secs. *Serratula tinctoria; Carduus nutans, marianus; Circium arvense; Cynara scolymus; Centaurea calcitrapa, jacea*, etc., etc.

La variété *b*., à Villandraut; la variété *d*., à Royan (M. Des Moulins); les variétés *e*., *f*., fort rares : la première dans la pépinière; la deuxième à Mérignac.

Sous-Genre IIIe. — LOMASTOMA (SYLVICOLA.)

6. HELIX LIMBATA , *H. marginata*. Drap.

> Drap. 27. pl. 6. f. 29. — Des M. 7. — Fér. n° 253.
> Lam. Desh. n° 129. — Moq. n° 38. pl. 15 f. 14 à
> 40. — Dup. 56. pl. 9. f. 9.

T. orbiculato-globulosâ, perforatâ, nitidâ, lucidâ, zonata, tenuissimè striatulâ; umbilico parvulo; anfr. 5-6. — Alt.
— Diam.

Var. *a. candida*, *opaca*, vel *albina*. Moq.
> *b. lutescens*, vel *Ferussina*. Moq.
> *c. rufescens*, vel *sarratina*. Moq.
> *d. perlucens*, vel *crystallina*. Grat.
> *e. sub-scalaris*. R.

HAB. et STAT. : Les vallons, les côteaux de l'Entre-deux-Mers CC. — Sur les arbustes, les arbrisseaux, les ronces (*Rubus fruticosus*); les lilas; le *Berberis vulgaris*. La délicieuse variété crystalline, à la Pépinière du département, sur l'*Aubépine*, l'*Urtica urens*, où elle était très-commune avant la destruction de cette pépinière; elle a de grands rapports avec l'espèce suivante.

7. HELIX CINCTELLA , *H. cinctelle*. Drap.

> Hist. pl. 6. f. 28. — Fér. 248. — Lam. 95. — Des
> M. 6. — C. Pfr. 3. t. 6. f. 16. — Rossm. 6. f. 363.

—Chemn. 2ᵉ éd. nᵒ 585. t. 91. f. 33-34. — L. Pfr.
nᵒ 569. — Dup. nᵘ 57. pl. 9. f. 10. — Moq. nᵒ 48.
pl. 16. f. 38 à 40.

Fruticicola cinctella. Held. in Isis. p. 914.

T. orbiculato-subglobulosá sub-depressá, carinatá, zonatá, imperforatá, tenuiter striatá, glabra, tenui, nitid. translucidá; anfr. 5-6. — Alt. 6-7ᵐ. — Diam. 10-12.

HAB. et STAT. : Les vallons, les côteaux sylvatiques de
l'Entre-deux-Mers ; Cambes, Cadillac (M. Dubois), Verdelais
(M. Des Moulins), Sainte-Croix-du-Mont (ipse) R. ; les lieux
humides, ombragés, les haies ; sur les arbrisseaux, les Cléma-
tites ; les Ronces, les Orties ; sur les feuilles du *Cornus
sanguinea*, du *Viburnum tinus.*— l'*Hel. cinctella !* Est-ce une
bonne espèce ? — N'est-elle pas une jeune coquille non
achevée de l'*H. limbata*, var. *perlucens ?* Cependant, je la
maintiens, *fide auctorum.*

8. HELIX INCARNATA, *H. douteuse.* Mull.

Mull. nᵒ 259. — Fér. nᵒ 254. — Lam. 94. — Drap.
pl. 6. f. 30. — Des M. 8. — Rossm. 1. f. 10. —
Moq. nᵒ 40 pl. 16. f. 5-8. — L. Pfr. nᵒ 360. —
Chemn. 2ᵉ éd. nᵒ 626 t. 97. f. 23-25. — Dup. 55.
pl. 9. f. 8. — Moq. 40. pl. 16. f. 5-8.

T. glob.-depressá, leviter carinatá, solidá, opacá, pruinosá, pellucidè unifasc.; anfr. 5-6. — Alt. 10ᵐ. — Diam. 12 à 14ᵐ.

Var. *a. pallidula*, vel *luteola.* Moq. — aut. *lutescens.* Grat.
   b. roseola. var. *pulchra !*

HAB. et STAT. : Le plateau de l'Entre-deux-Mers, le Bourgeais, le Libournais, le Fronsadais ; Sainte-Foy-la-Grande,
Rauzan ; les bois, les buissons, les haies ; sur les troncs
d'arbre, l'*Acer campestris*, le *Cratægus oxyacantha*, le
Sambucus ebulus, etc. — Assez rare.

9. HELIX FUSCA , *H. brunâtre.* Montagu.

> Montag. Brit. pl. 13. f. 1. — Dup. n° 40. pl. 7. f. 11;
> — Moq. n° 46. pl. 15. f. 33-36. — Chem. 2ᵉ éd.
> n° 204. t. 29. f. 17-19.

> *Hel. subrufescens.* Miller. — *Hel. revelata.* Bouch. n° 20.
> (non Fér. nec Mich.) — *Hel. aquitanica.* Grat. et
> Raul. Cat. Moll.

Test. subglobul. tenuissimâ, flexibili, glabrâ, corneâ, viresc. nitidissimè translucidâ; anfr. 5. — Alt. 4-6ᵐⁱˡˡ. — Diam. 6-10.

HAB. et STAT. : Espèce de la région Aquitanico-Océanienne; vit dans les jardins, les lieux sylvatiques; sur les *rosiers*, les *lilas*, le *Convolvulus sepium*, le *Salix alba ;* vers les limites méridionales du département, à *Saint-Symphorien*, à *Captieux*. RR.

Cette délicieuse petite coquille est très-commune dans le département des Landes, surtout aux environs de Dax.

10. HELIX CARTHUSIANA , *H. chartreuse.* Mull.

> Mull. n° 214. — Lam. 72. — Desh. Dict. 53. — Fér.
> 264. — L. Pfr. n° 344. — Drap. pl. 6. f. 33. —
> Brard. n° 4. pl. 1. f. 6-7. — Dup. n° 53. pl. 9. f. 6.
> — Moq. n° 44. pl. 16. f. 20-26.

Test. orbiculato-depressâ, perforatâ, tenui, glabrâ, nitidâ, sublucidâ; anfr. 6. — Alt. 7-8ᵐⁱˡˡ. — Diam. 10-16.

> Var. *a. major* (*Typus*). Moq. f. 20-22. — An *Hel. cantiana?* Montagu.
>
> *b. minor.* — *Hel. carthusianella auctor.* Drap. pl. 6. f. 31-32.
>
> *c. rufilabris.* Jeffr. Trans. — Moq. f. 25-26. — *Hel. Olivieri.* Var. γ. C. Pfr. t. 6. f. 4.

HAB. et STAT. : Les broussailles, les bois taillis, les haies, les lieux secs, stériles ; les chemins, les bordures des champs,

7

les palissades. CC. — Sur les chardons desséchés, les centaurées, l'*Eryngium campestre*, la *Clematis vitalba*, *flammula*.

Sous-Genre IVe. — LOMASTOMA.

11. HELIX CORNEA, *H. cornée*. Drap.

Hist. pl. 8. f. 1-3. — Dup. n° 26. pl. 6. f. 5. — Moq.
n° 17. pl. 11. f. 18-21.

*T. orbiculato-depressâ, umbilicatâ, corneâ, solidâ, nitidulâ,
subtilissimè striatellâ; anfr. 5-6. — Alt. 6-8^{mill}. — Diam 12-15.*

Var. *a. pallida.*

b. fulvo-rubeola. — Hel. squammatina. M^{el} de Serres.

c. sinistrorsa.

d. sub-scalaris.

HAB. et STAT. : Les vallons, les côteaux calcaires de l'Entre-
deux-Mers; Cambes, Beaurech, Cadillac, Sainte-Croix-du-
Mont, Verdelais, Sauveterre, etc. C. — Pauillac. R. — Sur
les rochers humides; parmi les feuilles mortes, les *hypnes*
et autres *mousses*, auprès des filets d'eau.

La variété *squammatine* est assez fréquente dans les mêmes
vallons, et s'élève jusqu'au sommet du plateau à plus de 80^m
d'altitude; elle existe aussi à Pauillac.

Les variétés *c.*, *d.* sont fort rares.

Sous-Genre V^e. — HELICIGONA. Fér. (CAROCOLLA. Lam.)

12. HELIX LAPICIDA, *H. lampe*. Lin.

Mull. n° 240 — Fér. 150. pl. 66. f. 16. — Desh.
Dict. n° 136. — L. Pfr. n° 962. — Drap. 47. pl. 7.
f. 35-37. — Dup. 28. pl. 5. f. 7. — Moq. n° 18.
pl. 11. f. 22 à 27. — Ch. 2e éd. t. 20. f. 10-11.

Carocolla lapicida. Lam. 16. — Des M. 1. — Kust. Ic.

*T. orbiculato-depressâ, acutè carinatâ, latè umbilic. rugosâ,
striatâ, corneo-rufâ; apert. trigonatâ; anfr. 5-6 — Alt. 6-8^{mill}.
— Diam. 12-20.*

Var. *a. fulvo-tessellata.* Chemn. 2ᵉ éd. t. 38. f. 30.

    b. morbosa, vel *albina.* C. Pfr. t. 2. f. 27.

    c. sub-scalaris. Charp. pl. 1. f. 8.

HAB. et STAT. : Les côteaux calcaires du département, les vallons de l'Entre-deux-Mers, partout. C. — On la trouve aussi dans la plaine. R. — Sur les vieux troncs d'ormeaux, de chênes, de saules, etc. ; se rencontre à Pauillac, sur la roche calcaire éocène. (Dᴿ Mahieu.)

Sous–Genre VIᵉ. — HELICODONTA. Fér. (TRIGONOSTOMA.)

13. HELIX OBVOLUTA , *H. planorbe.* Mull.

    Mull. nᵒ 229. — Des M. 17. — Lam. 76. — L. Pfr. 1075. — Fér. nᵒ 107. pl. 51. f. 4. — Drap. pl. 7. f. 27-29. — Dup. nᵒ 31. pl. 7. f. 5. — Moq. nᵒ 7. pl. 10. f. 26-30. — Chemn. 2ᵉ éd. t. 64. f. 13-15.

    Hel. trigonophora. Lam. J. d'H. Nat. pl. 42. f. 2.

T. orbiculato-depressâ, planulatâ vel planorbulâ, latè umbilic., solidâ, brunneâ; apert. triangulari; anfr. 6-7. — Alt. 5-6ᵐⁱˡˡ. — Diam. 10-14.

Var. *a. rubens (minor).*

    b. pallida (morbosa).

    c. sub-scalaris.

HAB. et STAT. : Espèce Montagnarde ; vit dans les vallons ombragés de l'Entre-deux-Mers, à la surface des rochers calcaires humides ; sur les vieux troncs ; sur la terre, parmi les mousses, auprès des filets d'eau ; se nourrit de feuilles pourries ; Cenon, Cambes, Verdelais, Cadillac, Sainte-Croix-du-Mont, Rauzan, la Réole, etc. ; s'élève à plus de 80ᵐ ; se trouve aussi dans le Médoc, à Pauillac. (Dᴿ Mahieu.)

Sous-Genre VIIe. — HELICELLA (*Partim*). Fér.

Ier Groupe. — STRIAT.E.

14. HELIX STRIATA , *H. striée.* Drap.

Drap. pl. 6. f. 18-19. — Dup. pl. 13. f. 4. — Moq. 60. pl. 18. — Lam. Desh. 103. — Fér. 278. — Des M. 13. — Desh. Dict. 41. f. 7-10. — Dumont. n° 12.

Test. orbiculato-depressâ, umbilicatâ, argutè striatâ, opacâ, solidâ, albo-griseâ, aut fulvâ, fasciatâ, vel concolore: anfr. 4-5. — Alt, 5-7^{mill}. — Diam. 6-10

Var. *a. caperata.* Montag. pl. 2. f. 11. — Pfr. 430.

   b. ornata. Picard. — Moq. *α.* — *H. Gigaxii?* Charp.

   c. picturata. — *H. fasciolata.* Poiret.

   c. fulvo-variegata. Moq. — *H. virgata?* Anglor.

   d. sub-carinata. — *H. intersecta.* Poiret. — Lam. 70. — Brard. 9. pl. 2. f. 7. — Dum. n° 13. — Mich. pl. 14. f. 33-34. — Moq. 61. pl. 18. f. 11-12.

   e. monstrosa : sinistrorsa et *scalaris.*

HAB. et STAT. : Très-répandue partout; habite de préférence les lieux élevés, secs, stériles ; les terrains sablonneux, calcaires ; on la trouve aussi dans les vignes, les champs, les prés ; sur les gazons, les plantes sèches ; sur les plateaux et les côteaux ; sur les murs ; le littoral maritime, sur les graminées.

La var. *a.* est très-élégante ; elle se tient ordinairement sur les tiges desséchées du *maïs ;* la var. *b.* est peinte de gris et de fauve : sur les *poa,* les *fétuques,* les *aira,* dans les landes, à Cestas, Landiras, Villandraut ; la var. *d.* (*intersecta*) est plus petite, légèrement carénée ; elle se plaît dans les sables siliceux, grimpe sur les palissades, sur les *acacias ;* à Pellegrin, Mérignac, Caudéran ; sur le *serpolet,* etc. C.

J'ai trouvé les variétés senestre et scalaire au Tondu, à Talence, à Saint-Morillon. R.

15. HELIX CANDIDULA, *H. blanchâtre.* Stud.

>Fér. 279. — L. Pfr. 432. — Dum. 11. — Rossm. 6.
>f. 350. — Mich. Compl. — Moq. 58. pl. 17. f. 36.
>Dup. 91. pl. 13. f. 3.
>*H. striata.* Var. Drap. pl. 6. f. 21. — Lam. — Desh. 103.
>*H. thymorum.* Alt. pl. 5. f. 9. — C. Pfr. t. 2. f. 21-22.
>*H. bidentata.* Drap. non Gmel.

*Test. parvulâ, sub-globulosâ, depressâ, minutè striatâ, sub-umbilicatâ, candidâ; perist. marginat., bident.; anfr. 6. — Alt. 5-6*mill*. — Diam. 7-10.*

HAB. et STAT. : Les prés secs, les lieux stériles, les landes rases; sur le *Cistus alyssoides;* sur les graminées; le *Thymus serpillum.* ; Bazas, Grignols, Landiras, le Blayais.

16. HELIX ERICETORUM, *H. ruban.* Mull.

>Mull. 236. — Fér. 281. — Lam. 69. — Des M. 14. —
>Dum. 5. — Drap. 40. pl. 6. f. 16-17. — L. Pfr. 420.
>— Dup. 94. pl. 13. f. 7. — Moq. 67. pl. 18. f. 30-33.
>— Chemn. 2ᵉ éd. 131. t. 22. f. 21-26.

*T. orbiculato-depressâ, subplan. latè umbilic. striatâ, albidâ vel pallidè, fuscesc., concolore aut fasc.; anfr. 5-6. — Alt. 6-12*mill*. — Diam. 10-25.*

>Var. *a. concolor : alba, fulva.*
>*b. fasciata. 1-6 fasc.*
>*c. oceanica.* Grat.
>*d. sub-scalaris.*

HAB. et STAT. : La plaine et la région montueuse, les côteaux calcaires, les bois, les pelouses, les prairies, les friches, les haies, le littoral maritime; Verdelais, Ste-Croix-du-Mont, Castres, St-Morillon, Bazas, etc.; sur les arbustes, les graminées, etc. CC. — S'élève, à Barèges, à 1,800ᵐ. (De Saulc.

17. HELIX NEGLECTA , *H. négligée*. Drap.

> Lam. 67. — Fér. 282. — Des M. 1. — Dum. 7. —
> Desh. Dict. 32. — L. Pfr. 422. — Drap. 41. pl. 6.
> f. 12-13. — Dup. 95. pl. 13. f. 8. — Moq. n° 66.
> pl. 18. f. 27-29.

*T. sub-turbinato-depressá , latè umbilicat. , albid. aut rufesc. tenui, striatá; fasc. interruptis; perist. fusc.-violaceo ; anfr. 5-6. — Alt. 7*mill. *— Diam. 12-14.*

HAB. et STAT. : Les lieux stériles, les pelouses, les champs incultes, sablonneux, les côteaux calcaires; environs de Libourne, de Blaye, de Bourg, Saint-Ciers-Lalande; sur les arbustes, les graminées, etc. R.

18. HELIX CESPITUM, *H. des gazons*. Dr.

> Fér. 283. — Lam. 68. — Des M. 15. — Dum. 6. —
> L. Pfr. 416. — Drap. 42. pl. 6. f. 14-15. — Desh.
> Dict. 24. — Dup. 93. pl. 13. f. 6. — Moq. 68.
> pl. 19. f. 4-6. — Ch. 2ᵉ éd. 130. t. 32.
> *Hel. fasciolata?* Poir. — Fér. t. 85. f. 5-8.

*T. globoso-depressá, striat. umbilicat. , alba aut lutesc. sæpiùs multifasc.; anfr. 5-6. — Alt. 10-11*mill. *— Diam. 17-20.*

Var. *a. concolor : obscura*. Moq. β.

> *b. fasciata.* Moq. η.

HAB. et STAT. : Les bois, les vignobles, les prés, les gazons, les sainfoins, les haies, les chemins, les lieux arides.

Cette espèce est à la fois Méditerranéenne et Océanienne.

19. HELIX FRUTICUM, *H. trompeuse*. Mull.

> Mull. 267. — Lam. 66. — Fér. 259. — Desh. Dict.
> t. 58. — Dum. 1. — L Pfr. 349. — Drap. 10.
> pl. 5. f. 16-17. — Dup. 49. pl. 9. f. 1. — Moq. 39.
> pl 16. f. 1-4. — Chemn. 2ᵉ éd. 83. t. 16. f. 1-4.

T. globulosâ, umbilicatâ, striatellâ, albidâ vel corneâ, rarò fasciatâ; anfr. 5-6. — *Alt.* 12-14mill. — *Diam.* 18-20.

HAB. et STAT. : Les côteaux calcaires sylvatiques, les haies; Bourg, Libourne, Cransac, Gensac, Sainte-Foy; sur les arbrisseaux; sur les ronces, etc. R.

20. HELIX GLABELLA, *H. glabelle.* Dr.

Lam.-Desh. 116. — L. Pfr. 380. — Drap. pl. 7. f. 6. — Non C. Pfr. — Moq. 45. pl. 16. f. 27-32. Chemn. 2e éd. no 633. t. 98. f. 16-18.

Fruticicola glabella. Held. in Isis.

T. orbiculatâ, sub-carinatâ, umbilicatâ, pellucidâ, subtilissimè striatâ, pallidè corneâ, sub-fusc., translucidâ; anfr. 5-6. — *Alt.* 4-5mill. — *Diam.* 7-8.

HAB. et STAT. : Les côteaux calcaires; l'Entre-deux-Mers; sous les pierres, sous les feuilles mortes; environs de Libourne, dans les lieux humides, ombragés. RR.

Je tiens cette espèce du Dr Jourdain; je la cite avec une sorte d'hésitation.

21. HELIX STRIGELLA, *H. strigelle.* Drap.

Drap. 11. pl. 7. f. 1-2. — Dum. 2. — Dup. no 48. pl. 9. f. 3. — Moq. no 42. pl. 16. f. 14-17.

T. globulosâ, depressâ, sub-pellucidâ, apertè umbilicatâ, striatâ, pallidè corneâ; anfr. 5-6. — *Alt.* 9-12mill. — *Diam.* 13-18.

HAB. et STAT. : Les côteaux, les bois; sur les mousses, les feuilles mortes; sur les rochers calcaires; Rauzan, la Réole, Gensac. R.

22. HELIX ROTUNDATA, *H. bouton.* Mull.

Mull. 231. — Lam. 101. — Desh. Dict. 43. — L. Pfr. 266. Drap. pl. 8. f. 4-7. — Dup. 76. pl. 12. f. 1-4. — Moq. Ch. 2e éd. 153. t. 24. f 14-16.

T. orbiculato-planulatâ, sub-carinat., lutè umbilicatâ, argutè striatâ, corneo-lutesc., rufò tessellatâ ; anfr. 6-7. — *All.* 2-3^mill. — *Diam.* 5-8.

Var. *a. albina.* Fér. pl. 79. f. 3.

    b. scalaris. Fér. pl. 79. f. 4.

HAB. et STAT. : Les haies, les lieux humides; sous les pierres; dans les bois ; au pied des chênes; sous les lichens peltigères ; sous les mousses, etc. CC.

23. HELIX VARIABILIS, *H. variable.* Drap.

    Drap. n° 12. pl. 5. f. 11-12. — Lam. 65. — Des M. 45.

    Fér. 284. — Dum. 9. — L. Pfr. . — Dup. 97.

    pl. 14. f. 2. — Moq. n° 71. pl. 19. f. 21-26.

T. globulosâ, sub-conoideâ, umbilicat., leviter striatâ, colore variabili; sæpiùs fasciatâ; anfr. 5-6. — *All.* 6-15^mill. — *Diam.* 8-20.

Var. *a. sub-albina.* Moq. — *H. sub-albida.* Poiret. n° 18.

    b. nigrescens. Grat.

    c. rufescens. — *Rufula?* Moq. ι.

    d. albicans. Grat.

    e. ornata. Grat. — *Tessellata?* Bouch. — Moq. ε.

    f. cestasiana. Grat. — A Cestas, au pied des murs, sur les graminées.

    g. zonata. — Landiras.

    h. burdigalensis. — Cestas; sur les arbustes, les gramens.

    i. fasciata. — 1-2-3-4-5 fasc.

    j. scalaris.

    k. oceanica. Grat. — Le littoral.

HAB. et STAT. : Partout; la plaine, les landes, les côteaux, les vallons, les lieux stériles et cultivés; le littoral maritime; les bois de pins, de chênes; les oseraies ; les prairies, etc. ; sur les troncs d'arbres; sur les arbustes; sur les plantes sèches, les chardons, les graminées, etc. CC.

24. HELIX MARITIMA , *H. maritime*. Dr.

Drap. pl. 5. f. 9-10. — Fér. 299. — Lam. 88. —
L. Pfr. 412. — Dum. 10. — Dup. 98. pl. 14. f. 1.
— Moq. 72. pl. 19. f. 27-29. — Chemn. 2ᵉ éd. 135.
pl. 23. f. 1-2.

T. globoso-conoideâ, solidâ, argutè umbilicatâ, sub-carinatâ, albâ, subtilissimè striatâ; anfr. 5-7.— Alt. 7-10ᵐⁱˡˡ.— Diam. 9-11.

HAB. et STAT. : La lande de Saint-Médard; vit dans les
lieux arides, sablonneux.

C'est avec doute que je cite cette espèce, qui est plus de la
région Méditerranéenne, que de l'Océanienne. Aurait-elle été
introduite dans cette localité ? Elle diffère peu de l'*Helix
variabilis*.

25. HELIX SUB--MARITIMA , *H. sub-maritime*. Des Moul.

Des M. in Rossm. Ic. 9. f. 575. — L. Pfr. 411. —
Dup. 96. pl. 13. f. 9.

Hel. variabilis. Var. *sub-maritima*. Des M. Cat. — Moq.
n° 71. pl. 19. f. 21-26.

T. globoso-depressâ, solidâ, albidâ tenuissimè striatâ, sub-umbilicatâ; anfr. 6-7. — Alt. 7-12ᵐⁱˡˡ. — Diam. 12-16.

HAB. et STAT. : Les landes rases; le littoral maritime;
Royan , Arcachon; sur le *Juncus maritimus*, l'*Eryngium
maritimum*, les *Salicornes*, les *Soudes*, le *Tamarix gallica*;
les *Graminées*, l'*Arundo arenaria*. CC.

26. HELIX ARENOSA, *H. des sables*. Ziegl.

Rossm. 9. f. 519. — *Theba arenosa*. Beck.
Hel. candicans. Ziegl. Var. *b*. L. Pfr. —164. Chem. 241.
pl. 38. f. 10-12.

T. convexo-depressâ, umbilicat. striatulâ, nitidâ, candidâ interdùm lineis rufis ornatâ; anfr. 5. — Alt. 9ᵐⁱˡˡ. — Diam. 15.

Var. *a. nigricans*. Grat. Cat. Moll.

b. unicolor. Grat.

HAB. et STAT. : Les lieux stériles, sablonneux ; le littoral, sur les graminées ; l'*Arundo arenaria;* les dunes, les bois de pins, dans la région maritime.

27. HELIX RUGOSIUSCULA , *H. rugosiuscule.* Mich.

Mich. Compl. 8. pl. 15. f. 11-14. — Alb.-Gras. 4 pl. 2. f. 7. — Dum. 17. — Dup. 85. pl. 13. f. 2. — Lam.-Desh. 109.

Hel. unifasciata. Poiret. var. *rugos.* Moq. 158. pl. 17.

Test. globoso-trochoideâ, perforatâ, solidâ, argutè striatâ, griseolâ aut subnigresc.; anfr. 5. — *Alt.* 3-4^{mill}. — *Diam.* 5-7.

Var. *a. carinata : unifasc. vel bifasc.*
    b. concolor : subviolacea.

HAB. et STAT. : Les lieux arides, sablonneux ; les côteaux calcaires ; les landes ; Mérignac, Pessac, Cestas, Landiras. R.

28. HELIX ELEGANS , *H. élégante.* Gmel.

Fér. 303. — Drap. pl. 5. f. 1-2. — L. Pfr. — Dup. 82. pl. 12 f. 7. — Moq. n° 74. pl. 20. f. 6-12.

Carocoll. elegans. Lam. 18. — Des M. 2.

T. conoideâ, arctispirâ, solidâ, angustè umbilicatâ, acutè carinatâ; anfr. 6-8^{mill}. — *Diam.* 8-10.

Var. *a. concolor : albida, flaveola.*
    b. picturata : griseo-fulva.
    c. fasciata, lineolata.
    d. humilis. Menke.

HAB. et STAT. : Lieux secs, arides ; les haies, les prés, les champs ; sur les plantes sèches, les graminées ; *Dactylis glomerata*; Floirac, Mérignac, Tondu, à Lescure, Pessac, etc. C.

§ 11. — Hispides, *Hirsutæ*.

29. Helix hispida, *H. hispide*. Lin.

Mull. 268. — Lam. 10. — Des M. 12. — L. Pfr.
383. — Drap. pl. 7. f. 20-22. — Dup. 44. pl. 8.
f. 10. — Moq. 53. pl. 17. f. 14-16. — Chemn.
2ᵉ éd. n. 634. t. 98. f. 19-21.

Fruticicola hispida. Held, in Isis.

*T. subglobulosâ, depressâ, umbilicatâ, hispidâ; pilis brevib. recurvatis, caducis; anfr. 5. — Alt. 5-6*ᵐⁱˡˡ*. — Diam. 9-10.*

Var. *a. major.* — *Hel. montana.* fid. Cl. Charp. et Drouet.
  b. minor, sub-conica. — *H. hispida.* C. Pfr. t. 2.
  f. 20.
  c. depilata, corneo-lucida.

Hab. et Stat. : Environs de Bordeaux partout; les jardins, le long des vieux murs, les haies humides; sous les pierres, au pied des fraisiers; sous les feuilles du *Viola odorata*, de l'*Alcea rosea*, du *Lilium candidum*, du *Saxifraga sarmentosa*, du *Primula auricula*. Ce mollusque dévore les feuilles de ces 'plantes (*Cl. Testas.*). — C C. Printemps et automne.

Cette hélice s'élève à 1800ᵐ dans les Hautes-Pyrénées. (De Saulcy.)

30. Helix sericea, *H. soyeuse*. Mull.

Mull. 258. — Lam. — Desh. 117. — Des M. 11. — L.
Pfr. 376. — Rossm. 7. f. 428. — Drap. pl. 7. f. 16-
17. — Dup. 44. pl. 8. f. 8. — Moq. 50. pl. 17. f. 6.-
7. — Chemn. l. c. 636. t. 98. f. 25-26.

Fruticicola sericea. Held, in Isis.

T. subglobul. depressâ, perforatâ, corneo-flav. tenui, subcarinatâ valdè hirsutâ; pilis elongat., sericeis, incurvat.; 'anfr. 4-5. — Alt. 4-6 ᵐ. *— Diam. 6-8.*

Hab. et Stat. : La région mont. du dép., sur les roch. calc., dans les lieux frais, humides, ombragés, sous les feuilles mortes, les fougères, *Aspid. aculeat.;* les mousses, *Bartram. fontana, Bryum serpylifolium,* au pied des saules, des peupliers. R.

31. Helix villosa, *H. velue.* Drap.

Fér 266. — Lam.-Dh. 119 — Des M. — L. Pfr. 367. — Drap. pl. 7. f. 18-19. — Rossm. 7. f. 421. — Chemn. l. c. 85. t. 16. f. 7-8. — Dup. 46. pl. 8. f. 5. — Moq. 55. pl. 17. fig. 19-23.

Fruticicola villosa. Held.

Test. depressâ, apertè umbilicatâ, tenui, translucid. villosâ; pilis longis, recurvat. nitidis; anfr. 6. — Alt. 6-7 mill. *— Diam. 11-14.*

Var. *Depilata.* Charp.

Hab. et Stat. : Les collines, les vallons, sous les feuilles mortes, entre les mousses, dans les lieux frais; *Hypn. illece-brum, H. crista-castrensis,* à Floirac R.

32. Helix ciliata, *H. ciliée.* Fér.

Fér. 251. — Lam. Desh. 115. — L. Pfr. 377. — Mich. pl. 14. f. 27. — Rossm. 7. f. 430. — Dup. n° 58. pl. 9. f. 11. — Moq. 49. pl. 17. f. 1-5. Chemn. l. c. 637. t. 98. f. 27-30.

H. hirsuta. Jan. Mantiss.

Test. orbiculato-depressâ, pallidè corneâ, rugosiusculâ, sub-carinatâ, ciliatâ vel lamellosâ; lamellis caducis, triangul.; anfr. 6. — Alt. 4-6 mill. *— Diam. 9-12.*

Hab. et Stat. : Les bois, les bords des ruisseaux; les mousses, sur les *Bryum nutans, capillare;* à Rauzan, Sauveterre, Monségur. RR.

33. Helix conspurcata , *H. sale.* Drap.

> Hist. 38. pl. 7. f. 23-25. — Lam. 104. — Fér. 277. —
> Moq. 59. pl. 18. f. 1-6. — Dup. 88. pl. 12. f. 11.

T. orbiculato-subdepressâ, griseo-fuscâ; tenui, leviter striatâ, pilosâ; pilis mollis, caducis; anfr. 4-5. — Alt. 3-5mill. — Diam. 5-8.

Hab. et Stat. : Les lieux frais, humides, les vieux murs, sous les pierres, les décombres; Caudéran, Mérignac, Pessac, Blaye, Saint-Romain, Libourne, Saint-Émilion. C.

34. Helix plebeia , *H. plébeienne.* Drap.

> Hist. pl. 7. f. 5. — Lam. 98. — Desh. Dict. 25. — L.
> Pfr. 364. — Dup. 42. pl. 8. f. 10. — Moq. 54. pl. 17.
> f. 17-18. — Chemn. l. c. 627. t. 97. f. 26-28.
> *Hel Lurida.* Zgl. — C. Pfr. t. 16. f. 14-15.

Test. subglobosá, depressâ, corneo-fusc. tenui, angustè umbilicatâ, valdè hirsutâ; pilis rigidulis, caducis; anfr. 5-6. — Alt. 5-7mill. — Diam. 8-10.

Hab. et Stat. : Région mont.; au pied des roches calc.; sous les feuilles; parmi les mousses; *Neck. crispa, viticulosa; Hypn. tamariscinum*; Floirac, Latresne, Verdelais, etc.; Gensac, etc. C.

35. Helix revelata , *H. révélée.* — Fér.

> Mich. pl. 15. f. 6-8. — An *H. revelata?* Fér. 273.
> *H. occidentalis.* Recluz. — Rev. zool. Moq. 52. pl. 17.
> f. 10-13. — Chemn. l. c. 697. — t. 141. f. 20-22.
> — L. Pfr. 343.
> *H. ponentina.* Var. Morelet. (fid. cl. Des M. 2e suppl.
> n° 3). Dup. 45. pl. 8. f. 9.

Test. subglobulosâ, subumbilicatâ, tenuissimè pellucidâ, fragili, corneo-fusca, hirsutâ, pilis raris; caducis; anfr. 4-5. — Alt. 4-6mill. — Diam. 6-8.

HAB. et STAT. : Environs de Bordeaux, localités sablonneuses, arides. C.

A Caudéran, au pied des murs, parmi les feuilles des plantes herbacées. A Pellegrin (Tondu), sous les feuilles des branches du charme touchant à terre, *Carpinus betulus.* Au Bouscat, domaine de Spics ; parmi des feuilles mortes de *Cratægus oxyacantha* (M. Coudert) ; dans les champs incultes, sur l'*Artemisia campestris* (M. Gassies) ; dans les bois de pins, au pied des chênes (Ipse.)

§ III. — PYGMÉES, *Pygmeæ.*

36. HELIX RUPESTRIS, *H. des rochers.* Mull.

Mull. 279. — Drap. pl. 7. f. 7-9. — Dup. nº 60. pl. 11. f. 9. — Moq. nº 37. pl. 15. f. 10-13.

T. pygmœâ, sub-conoideâ, umbilicatâ, tenui, corneo-fuscâ; anfr. 5-6. — *Alt.* 1-1/2 mill. — *Diam.* 2-4.

HAB. et STAT. : Les côteaux de l'Entre-deux-Mers ; sur les rochers calcaires ombragés de Bourg, de Bazas, de Gensac ; sous les feuilles pourries ; dans les lieux sylvatiques. R.

37. HELIX ACULEATA, *H. aiguillonnée.* Mull.

Mull. 279. — Drap. pl. 7. f. 10-11. — Dup. 59. pl. 11. f. 8. — Moq. 36. pl. 15. f. 5-9. — L. Pfr. 96.

Hel. spinulosa. Lightf.

Fruticicola aculeata. Held. Isis.

T. minimâ, globuloso-turbinatâ, costato-aculeatâ; anfr. 3-4. — *Alt.* 1-1/2-2 mill. — *Diam.* 1 1/2-2.

HAB. et STAT. : Les côteaux élevés ; au pied des rochers calcaires ; sous les feuilles pourries ; parmi les mousses, les jongermannes surtout ; *J. platipylla, complanata, bidentata, nemorosa ;* dans les bois de chênes, de hêtres ; sur les

Neckera viticulosa, dendroides; Dicran sciuroides; à Cambes, Sainte-Croix-du-Mont, Cadillac, Sauveterre, etc.; sur le
tronc des pins, à la Teste, Arcachon. (Dʳ Souverbie.)

38. HELIX PULCHELLA , *H. mignonne.* Mull.

> Mull. 232. — Lam.-Desh. 107. — Des M. 18. L. Pfr.
> 949. — Drap. 29. pl. 7. f. 33-34. — Dup. 29. pl...7
> f. 3. — Moq. nº 19. pl. 11. f. 28-34.

*Test. minimá, planatá, umbilicatá, albá vel griseá, subtiliter
striatá; anfr. 4-5. — Alt. 1-1 1/2*ᵐⁱˡˡ. *— Diam, 2-2 1/2.*

> Var. *a. costata. — Hel. costata.* Mull. 233. — Drap. l. c.
> f. 30-32. — L. Pfr. 950. — Fér. pl. 66. E.
> f. 15-17.
> *b. sinistrorsa.*
> *c. scalaris.*

HAB. et STAT. : Partout; la plaine et les côteaux, les jardins, les parterres; au pied des campanules, *Campanula
pyramidalis;* dans les bois, au milieu des mousses des
*Polytrics; P. commune, juniperinum; Dicran. glaucum;
D. scoparium; Hypn. molluscum, cupressiforme;* les haies,
les *vieux murs;* sous les pierres humides; sous les feuilles
sèches ou décomposées de chênes, d'ormeaux, de saules,
d'acacias; sous les débris de feuilles de *Platanus orientalis,*
au Bouscat; les Spics. (M. Coudert.)

39. HELIX PIGMÆA , *H. pygmée.* Drap.

> Drap. pl. 8. f. 8-10. — Lam.-Desh. 126. — Fér. 200.
> — Hist. pl. 80. f. 1. — Des M. Cat. Suppl. nº 2. —
> Dup. 61. pl. 9. f. 3. — Moq. 1. pl. 10. f. 2-6.

*Test. orbiculato-discoideá, minutissimá, subtilissimè striatá,
umbilicatá, corneo-fuscá vel cinereá; anfr. 3-4. — Alt.* 1/2ᵐⁱˡˡ.
— Diam. 1.

HAB. et STAT. : Cette coquille est la plus petite du genre.
Elle habite la plaine et la région montueuse du pays ; elle se
plaît dans les lieux frais, humides, ombragés ; dans les
bois, les vallons calcaires ; parmi les mousses, *Hyp. serpens*,
prœlongum; Bartramia vulgaris; Mnium serpyllifol., etc. ;
citée dans le Jardin de Botanique, sous les feuilles mortes
(M. Fischer); sous les débris d'ardoises et de tuiles, au
Bouscat, les Spics. (M. Coudert.)

VIᵉ Genre. — BULIMUS, *BULIME*. Scop.

ANIMAL héliciforme, plus spiral; collier sans cuirasse ; le
pied allongé; les tentacules infér. très-courts; mâchoire
denticulée ou crénelée.

COQ. ovoïde, oblongue ou turriculée; ouverture entière,
dextre ou senestre, sans plis ni dents; columelle droite sans
troncature.

Les Bulimes sont phytiphages et zoophages. Ils habitent
les lieux frais, humides, dans les forêts, les prairies, les
haies, les côteaux ou la plaine; se cachent dans les feuilles
tombées, les gazons, les troncs d'arbres, parmi les mousses.
Ils sont ovipares et pondent leurs œufs sous terre, où ils se
creusent des galeries.

Espèces.

1. BULIMUS DECOLLATUS, *B. décollé.* Lin.

> Lin. (*Helix*). 608. — Mull. 314. — Brug. 49. — Des
> M. 4. — Fér. 383. pl. 140. f. 1-8. — Drap. pl. 6.
> f. 27-28. — Lam. 17. — L. Pfr. 395. — Dup. nº 7.
> pl. 15. f. 1. — Moq. 2. pl. 22. f. 35-40.

*Test. cylindrico-turritâ, tenuiter striatâ, solidâ, nitidâ, cor-
neâ, aut fulvâ; apice truncatâ; anfr. 4-6. — Long.* 25-28 mill.
— Diam. 10.

Hab. et Stat. : Les localités montueuses, l'Entre-deux-Mers; côteaux calc.; parmi les broussailles, les plantes herbacées; Langoiran, les ruines du château; Paillet, Cadillac, Quinsac, etc. R.

M. Gassies ayant élevé chez lui ce mollusque, a fait de curieuses observations sur sa troncature, ainsi que sur sa nourriture; il dévore les feuilles du *Lactuca sativa*, du *Mirabilis jalappa*. (In Act. Soc. L. t. 15, p. 13.)

2. Bulimus obscurus, *B. obscur.* Mull.

Mull. 302. — Lam. 33. — L. Pfr. 331. — Drap. pl. 15. f. 6. — Dup. n° 5. pl. 15. f. 6. — Moq. n° 2. pl. 21. f. 5.

Bulim. hordeaceus. Brug. Dict. 62.   -10.

T. ovato-oblongâ, subventric. rimatâ, vix striatâ, nitidulâ, subpellucid.; rufâ; anfr. 6-7. — Long. 9-10mill. — Diam. 4.

Hab. et Stat. : Lieux frais, ombragés; les bois, au pied des arbres, des chênes, des hêtres; Floirac; sur le tronc des peupliers d'Italie, à Bègles, Talence, Gradignan. R.

3. Bulimus montanus? *B. montagnard.* Drap.

Drap. pl. 4. f. 22. — Fér. 425. — Lam. 32. — L. Pfr. 320. — Dup. 4. pl. 15. f. 5. — Moq. 1. pl. 21. f. 1-4.

T. ovato-oblongâ, rimatâ, obtusâ, tenuissimè striatâ, decussatâ, corneo-fuscâ; anfr. 6-7mill. — Long. 12-15mill. — Diam. 4-6.

Hab. et Stat. : Lieux montueux, sylvatiques; l'Entre-deux-Mers; Gensac, Sauveterre, au pied des arbres; parmi les mousses

Obs. C'est avec doute que je mentionne cette espèce, ne l'ayant pas rencontrée moi-même, et qui m'a été donnée. Elle pourrait bien n'être que le *Bulimus obscurus*, var. *montanus!* Hartm.

4. Bulimus tridens, *B. tridenté.* Mull.

Mull. (Helix) 305. — Brug. 90. — Fér. 453. — L. Pfr. 341. — Moq. 4. pl. 21. f. 25-30. — Poiret. 23.

8

Pupa tridens. Drap. pl. 3. f. 57. — Lam. 16. — Des
Moul. 6.

*Test. oblongo-conicâ, turgidulâ, vix rimatâ, pallidè corneâ;
aperturâ 3 dentatâ; anfr. 7. — Long. 12^{mill}. — Diam. 15.*

HAB. et STAT. : La plaine, les côteaux sylvatiques; sur
l'*Eryng. campestre;* parmi les mousses, etc.; Pauillac, le
Bouscat, la Vache, etc.

5. BULIMUS QUADRIDENS, *B. quadridenté.* Mull.

Mull. 306. — Brug. 91. — Poiret. 22. — Moq. 6.
pl. 22. f. 1-6. — L. Pfr. 343.

Pupa quadridens. Drap. pl. 4. f. 3. — Lam. 17. —
Des M. 5. — Fér. 454.

*T. sinistrorsâ, cylindraceâ, glabrâ, nitidâ; corneo-flavicante;
aperturâ 4 dentatâ; anfr. 7-10. — Long. 6-12^{mill}. — Diam. 3-4.*

HAB. et STAT. : La plaine et les régions montueuses du
département; au pied des arbres; sous les feuilles mortes;
parmi les mousses; *Hypn. lutescens, splendens,* etc.

6. BULIMUS LUBRICUS, *B. brillant.* Brug.

Brug. Dict. 23. — Mull. 303. — Fér. 374. — Lam. 34.
Des M. 2. — Drap. pl. 4. f. 24. — Moq. 8. pl. 22.
f. 15-19.

Zua lubrica. Leach.-Dup. 1. pl. 15. f. 9.

Achatina lubrica. L. Pfr. 86. — Mich.

*Test. ovato-oblongâ, lubrico-pellucidâ, corneâ; anfr. 5-6. —
Long. 5-7^{mill}. — Diam. 2-1/2-3.*

Var. *a. albida, nitidissima.*

b. exigua. Moq. —*Bul. lubricoides.* Pot.-Mich. pl. 11.
f. 9-10.

HAB. et STAT. : Partout; les lieux frais, humides; sous les
pierres; dans les bois; sous les feuilles mortes; parmi les
mousses et les lichens peltigères et rangifères; *Dicran.
scoparium, glaucum; Hypn. purum, cuspidatum,* etc. C.

7. BULIMUS ACICULA , *B. aiguillette*. Mull.

> Mull. (*Buccinum*) 340. — Brug. 22. — Drap. pl. 4.
> f. 25-26. — Moq. 10. pl. 22. f. 32-34.
>
> *Achatina acicula*. Lam. 19. — Des M. n° 1. — Dup. 1.
> pl. 15. f. 8. — L. Pfr. 90.

Test. minimâ, cylindrico-aciculari, imperforatâ, hyalinâ, lævissimâ, albidâ; anfr. 5-6. — Long. 4-6mill. — Diam. 1-1 ½.

HAB. et STAT. : Partout; les bois, les haies, les vieux murs; sous les pierres, sous les feuilles mortes, au-dessous des mousses des *Bryum*, *hypnes*, *polytrichs*, etc. C. — Les alluvions de la Garonne.

8. BULIMUS ACUTUS , *B. aigu*. Brug.

> Brug. Dict. 42. — Mull. 297. — Fér. 378. — Lam. 30.
> — Des M. 3. — Drap. pl. 4. f. 29. 30. L. Pfr. 590.
> — Dup. 2. pl. 15. f. 3.
>
> *Helix acutus*. Moq. 78. pl. 20. f. 27-32.

T. conico-cylindricâ, turritâ, subperforatâ, subtiliter striatâ; albidâ, fasciis ornatâ; anfr. 9-10. — Long. 12-15.— Diam. 5-6.

Var. *a. grisea, flammulata.*
>> *b. oceanica.* — *Bulim. acutus*, var. *maritima*. Des
>> Moul. — *Bulim. articulatus*, var. Lam. 29. —
>> Delessert, pl. 28. f. 8.
>> *c. albina.* — *Bul. littoralis*. Brumati.

HAB. et STAT. : Partout. — Les lieux secs, sablonneux, incultes, les haies, les bords des champs, des chemins; sur les plantes herbac. desséchées, les cynarocéphalées, surtout les chardons; sur les murs champêtres, les palissades, etc. CC.

La var. maritime se trouve à Royan, à Arcachon, sur les joncs, les graminées de la plage.

9. BULIMUS VENTROSUS, *B. ventru*. Brug.

Fér. 377. — L. Pfr. 591.

Bulim. ventricosus. Dr. pl. 4. f. 31-32. — Lam. 31.
— Dup. 1. pl. 15. f. 5.

Helix bulimoides. Moq. 77. pl. 20. f. 21-26.

*T. ovato-conicâ, subventricosâ, angustè perforatâ, albido-fasciatâ, fasciis-fuscis ornatâ; anfr. 7-8. — Long. 8-10*mill*, — Diam. 5-1/2-7.*

HAB. et STAT. : Les lieux secs, arides, sablonneux; les rochers calcaires, à Cubzac (ipse); les vieux murs, à Abzac (Dr Souverbie); sur les pelouses, les graminées. (MM. Gassies et Fischer.)

IXᵉ Genre. — PUPA, *MAILLOT*.

ANIMAL grêle, héliciforme; collier étroit; mâchoire sans denticules; les tentacules inférieurs très-petits.

COQUILLE cylindrique ou conoïde, ventrue, épaisse, ombiliquée; columelle sub-spirale; ouverture souvent multidentée.

Les Maillots sont herbivores : ils habitent les bois, sous les mousses, les feuilles mortes, sur les écorces et au pied des arbres; sur les murs, sous les pierres humides; sur les rochers calcaires de l'Entre-deux-Mers, etc.

Espèces.

1. PUPA PERVERSA, *M. perverse*. Lin.

Lin. (*Turbo*) 83. — Fér. 511. — Moq. (*Balea*) 1. pl. 25. f. 6-14.

Pupa fragilis. Drap. 20. pl. 4. f. 4. — Lam. 24. — Desh. Dict. 14.

Balea fragilis. Gray. — Leach. — L. Pfr. 387. — Dup. 1. pl. 18. f. 5-6.

Test. sinistrorsá, cylindric. turriculatá, rugosiusculá, fragili, subnitidá; aperturá uniplicatá, fuscá; anfr. 7-9. — All. 7-10mill. — Diam, 1-1/2-2-1/2.

HAB. et STAT. : Les lieux ombragés, les bois, les rochers; sur les murs champêtres; Pellegrin, Caudéran, chez M. Cabrit. CC. — Talence (M. Cazenavette), Podensac (M. Gassies); sur le tronc des vieux saules, sur les feuilles tombées du *Platanus occidentalis;* Médoc, Margaux. (Ipse.)

2. PUPA VARIABILIS, *M. varié.* Drap.

Drap. pl. 3. f. 35-36. — Lam. 19. — Des M. 7. — Dup. 4. pl. 15. f. 9. — Moq. 13. pl. 27. f. 5-9.

T. cylindraceo-oblongá, ventricosá, crassiusculá, solidá, nitidá, griseo-corneá; apert. 5 dentat.; anfr. 9-12. — All. 7-10mill. — Diam. 3-4.

HAB. et STAT. : Les bois, les côteaux; parmi les mousses, les feuilles mortes; sur le tronc des arbres; Pauillac. C. — L'Entre-deux-Mers. R. — Floirac (non viv. Des M.).

3. PUPA POLYODON, *M. polyodonte.* Drap.

Drap. pl. 4. f. 1-2. — Lam. 18. — Dup. 18. pl. 20. f. 2.

T. cylindric. turgidulá, striatá, corneá; aperturá multiplicatá; anfr. 9-11. — All. 7-9mill. — Diam. 2-1/2-3.

HAB. et STAT. : Les alluvions de la Garonne. Espèce méditerranéenne qui ne se trouve pas vivante dans la Gironde.

4. PUPA SECALE, *M. seigle.* Drap.

Drap. 13. pl. 3. f. 49-50. — Lam. 21. — Des M. 8. — Dup. 8. pl. 19. f. 9. — Moq. 9. pl. 26. f. 26-29.

Pupa Juniperi. Gray, in Turt. pl. 7. f. 81.

T. cylindraceo-oblongá, solidá, subtilissimè striatá, pallidè fulvá; aperturá 7-8; anfr. 8-9. — All. 6-8mill. — Diam. 2-3.

HAB. et STAT. : La plaine, les lieux montueux; sous les mousses, les feuilles mortes, au pied des vieux troncs, des genévriers; Lassouys (non viv., cl. Des Moul.) RR.

5. **Pupa avena**, *M. avoine.*·Drap.

> Drap. pl. 3. f. 47-48. — Dup. 13. pl. 19. f. 7. — Moq. 4.
> pl. 25. f. 33. ; pl. 26. f. 1-4.

> *Bulim. avenaceus.* Brug. — *Torquilla avena.* Stud.

. *cylindric.-conicâ, turritâ, umbilicatâ, crassiusculâ, fuscâ;
apertur. 7 dentatâ; anfr. 7-8.* — *Alt.* 6-7$^{mill.}$ — *Diam.* 2-2 $^1/_2$.

HAB. et STAT. : La région des plaines et des collines,
l'Entre-deux-Mers; le Médoc, Pauillac, Trompe-Loup, sous
les mousses, au pied des arbres, etc. R.

6. **Pupa dolium**, *M. baril.* Drap.

> Drap. pl. 3. f. 43. — Fér. 477. — Lam. 25. — Dup.
> n° 21. pl. 20. f. 4. — Moq. 18. pl. 27. f. 29-31.

*T. brevi, ovoideo-cylindr., ventricosâ, obtusâ, subtilissimè
striatâ, nitidulâ, corneo-fulvâ; aperturâ-unidentatâ; anfr.* 8-10.
— *Alt.* 6$^{mill.}$ — *Diam.* 2-$^1/_2$-3-$^1/_2$.

HAB. et STAT. : Le Médoc, Pauillac, sur les rochers calcaires (Dr Mahieu); le Blayais, le Libournais; Coutras, sur
le tronc des vieux chênes. RR.

7. **Pupa doliolum**, *M. barillet.* Drap.

> Drap. pl. 3. f. 41-42. — Lam. Dh. 31. Fér. 473 —
> Dup. 21. pl. 20. f. 4. — Moq. 19. pl. 27. f. 32-34.

*Test. subcylindric., obtusissimâ, crassâ, sublucidâ, pallidè-
fulvâ; anfr.* 8-9. — *Alt.* 4-6$^{mill.}$ — *Diam.* 2-2-$^1/_2$

HAB. et STAT. : Les bois, sous les mousses, les feuilles
mortes. RR. — (Espèce de la France septentrionale).

8. **Pupa umbilicata**, *M. ombiliqué.* Drap.

> Dr. pl. 3. f. 39-40.— Fér. 474.— Lam. 26.— Des M. 4.
> — Dup. 27. pl. 20. f. 7. — Moq. 21. pl. 27. f. 42-43.
> pl. 28. f. 1-4.

Test. cylindraceâ-ovoideâ, umbilicatâ, subtilissimè striatâ, tenui, nitidulâ, sublucidâ, corneo-lutesc.; anfr. 7-8. — Alt. 3-5mill. — Diam. 1-2.

HAB. et STAT. : Partout; les haies, les vieux murs, sous les pierres humides, sur les rochers calcaires, parmi les mousses, sur les jeunes feuilles du *Leontodon taraxacum;* les ruines du Palais-Gallien , les ruines du château de Villandraut. CC. — M. Des Moulins cite une variété courte à Saint-Médard-d'Eyrans. R.

9. PUPA GRANUM , *M. grain.* Drap.

Drap. pl. 3. f. 45-46. Lam. 23. — Dup. 16. pl. 19. f. 10. — Moq. 11. pl. 26. f. 34-38.

Test. cylindrac.-oblongâ, striatellâ, tenui, subnitidâ, griseo-fulv.; aperturâ, 4 dentat.; anfr. 6-7. — Alt. 4-5mill. — Diam. 1-2.

HAB. et STAT. : Les bois taillis, les haies, sous les feuilles mortes, sous les pierres, sous les mousses et les lichens peltigères; Pellegrin, la Pépinière, Bègles; la lande, sous les genévriers; Saint-Émilion, rochers calcaires. CC.

10. PUPA MUSCORUM , *M. mousseron.* Lin.

Lin. Gen. 94. — Mull. 304. — Lam. 27. — Des M. 1. — Drap. pl. 3. f. 26-27. — Dup. 24. pl. 20. f. 10. — Moq. 22. pl. 28. f. 5-15.

Pup. marginata. Dr. 6. pl. 3. f. 36-38. — Des M. 3. *Pupilla marginata.* Leach.

Test. parvulâ, cylindrico-ovoideâ, tenui, lucidâ, corneo-fulvâ; anfr. 6-7. — Alt. 1-1/2-3mill. — Diam. 1/2-1.

HAB. et STAT. : Partout; sous les haies , sous les feuilles mortes, parmi les *Polytrichs,* les *Hypnes* et les *Lichens* terrestres; Mérignac, Tondu , Pellegrin. CC.

X⁰ Genre. — CLAUSILIA, *CLAUSILIE*. Drap.

ANIMAL ressemblant à celui des Bulimes et des Maillots.
Collier épais; mâchoire sans denticules; quatre tentacules
cylindriques; les supérieurs, saillants; les inférieurs, très-
courts.

COQUILLE en général sénestre, fusiforme, turriculée; columelle plissée, munie d'un osselet lamellaire (*Clausilium*).

Les Clausilies sont phytiphages; elles aiment les lieux
ombragés; vivent au pied des troncs et sous les écorces des
vieux arbres; dans les fentes des rochers; sous les pierres
humides et parmi les mousses, principalement les *Jongermannes*, les *Orthotrichs*, les *Dicranies*, les *Hypnes*, etc.;
pondent sous terre.

Espèces.

1. CLAUSILIA LAMINATA , *Cl. laminée*. Turton.
    Turt. Man. n° 53. f. 53. — Mull. 315.
    Claus. bidens. Drap. pl. 4. f. 5-7. — Lam. Dh. 13. —
    Des M. 1. — Dup. 1. pl. 15. f. 6. — Moq. n° 1. pl.
    23. f. 2-9.

    *T. elongato-fusiformi, subventric., tenui, subtilissimè striatâ,
    nitidâ, subpellucidâ, corneâ; aperturâ bidentatâ; anfr.* 10-12.
    — *All.* 11-15ᵐⁱˡˡ. — *Diam.* 3-4.

    HAB. et STAT. : Les collines sylvatiques, les côteaux cal-
    caires ombragés; Cenon, Sainte-Foy, sur les vieux saules,
    sous les mousses, au pied des chênes, etc. C. — Sur la *Jung.
    nemorosa*, à Sauveterre. (Ipse.)

2. CLAUSILIA PLICATULA , *Cl. plicatule*. Drap.
    Drap. pl. 4. f. 17-18. — Lam. 11. — Des M. 2. —
    Fér. 540. — Dup. 20. pl. 18. f. 2. — Moq. 14. pl. 24.
    f. 28-31.

*T. sinistrorsâ, fusiformi-elongatâ, striatâ, nitidâ, sublucidâ, fuscâ; apert. 4-5 plicat.; anfr. 12-14. — Alt. 10-12*mill*. — Diam. 2-3.*

HAB. et STAT. : Les côteaux calcaires; sur les rochers, à l'ombre; sur les vieux murs, les bois, entre les mousses; *Dicr. scoparium, glaucum; Jung. Tamarisci;* Langoiran, Cambes, Quinsac, Grignols, etc. C.

3. CLAUSILIA RUGOSA, *Cl. rugueuse.* Drap.

> Drap. pl. 4. f. 19-20. — Mull. 316. — Lam. 12. —
> Des M. 3. — Fér. 543. — Dup. 8. pl. 17. f. 3. —
> Moq. 8. pl. 24. f. 21-27.
>
> *Cl. perversa.* C. Pfr. 4. pl. 3. f. 28.

*T. sinistrorsâ, cylindrico-fusif., rimatâ, fragili, subtiliter striatâ, subpellucidâ, rufo-fuscâ; apert. biplicatâ; anfr. 10-14. — Alt. 12-14*mill*. — Diam. 2-1/2-3.*

HAB. et STAT. : Partout; les fissures des rochers calcaires, des vieux arbres (*ormeaux, chênes, saules*); les ruines et vieilles murailles; sur la *Leskea sericea*; sous les pierres; la Pépinière; Pellegrin, Caudéran, Gradignan, etc. CC.

4. CLAUSILIA NIGRICANS, *Cl. noirâtre.* Jeffr.

> Jeffr. Lin. Trans. 16. p. 351. — Des M. Suppl. 1852
> n° 5. (Act. Soc. Lin. t. 17.) — Dup. 11. pl. 16. f. 2.
> — Moq. 9. pl. 24. f. 17-20.
>
> Affinis *Cl. plicatulæ.*
>
> *Cl. dubia.* Drap. pl. 4. f. 10.

*T. cylindricâ, rugulosâ, gracili, tenui, striatellâ, nitidâ, fusco-nigrescente; anfr. 10-12. — Alt. 8-12*mill*. — Diam. 2-2-1/2.*

HAB. et STAT. : Sous les pierres humides et mousseuses; la Pépinière (ipse); les fentes des rochers ombragés; sous les écorces des *saules*, à Bourg, Coutras, Eysines, Blanquefort (M. Fischer); sur les tiges et les feuilles sèches du *Hedera helix*, à Sauveterre. (Ipse.)

5. CLAUSILIA ROLPHII, *Cl. de Rolph.* Gray.

> Brown. Brit. n° 4. pl. 4. f. 39-40. — Dup. 15. pl. 17.
> f. 9. — Des M. Suppl. (1852). — Moq. 13. pl. 24.
> f. 32-35.
>
> *Cl. plicatula?* var. Drap.

Test. fusiformi-ventricosâ, apice attenuatâ, tenui, striatellâ, subnitidâ, corneo-fulvâ; anfr. 10-12.— *All.* 13-14 mill.—*Diam.* 3-4.

HAB. et STAT. : Les côteaux, les lieux frais, élevés ; sur les troncs des arbres ; sur les rochers ; parmi les mousses ; *Hyp. cupressiforme ; H. illecebrum ; H. tamariscinum*, etc. ; Cenon-la-Bastide, Cadillac, Sainte-Croix-du-Mont, etc. R. — Bois de Lamothe, près Latresne, sous les feuilles mortes. (M. Gassies.)

6. CLAUSILIA PARVULA, *Cl. naine.* Studer.

> Mich. Compl. pl. 15. f. 21-22. — Des. M. 4. — Dup. 7.
> pl. 16. f. 12. — Moq. 7. pl. 25. f. 1-5.
>
> *Cl. rugosa.* var. *g.* Drap.
>
> *Cl. minima.* C. Pfr. 10. pl. 4. f. 35.

T. minutâ, fusiformi, umbilicatâ, tenui, substriatâ, subnitidulâ, rufâ; anfr. 10-12. — *All.* 7-10 mill. — *Diam.* 2.

HAB. et STAT. : Partout ; sous les pierres, dans les lieux humides et ombragés ; parmi les mousses, les *Dicranies,* les *Polytrichs,* les *Hypnes,* la *Jung. complanata,* les *Lichens peltigères* et *foliacés.* C.

XIᵉ Genre. — VERTIGO, *VERTIGO.* Mull.

ANIMAL terrestre, très-petit, organisé comme les Maillots ; les tentacules supérieurs seuls apparents ; les inférieurs ponctiformes.

COQUILLE très-petite, dextre ou sénestre, cylindroïde ; l'ouverture souvent dentée.

Les Vertigo habitent avec les Maillots de petite taille dans les lieux secs ou humides; sous les pierres, sous les feuilles mortes; ils se nourrissent de feuilles pourries, de mousses.

Espèces.

1. VERTIGO PYGMÆA , *V. pygmée.* Fér.

> Moq. 6. pl. 28. f. 37-42; pl. 29. f. 1-3.
>
> *Pupa pygmæa.* Drap. pl. 3. f. 30-31. — Lam. Dh. 49. Des M. 2. — Dup. n° 31. pl. 20. f. 12.
>
> *Stomodonta pygmæa.* Mermet. n° 17.
>
> *Vertigo quinquedentata.* Studer.

T. minutissimâ, dextrorsâ, ovoideâ, subperfor. lævigatâ, nitidâ, subpellucidâ, fulvâ; aperturâ 4-6 dentatâ; anfr. 4-5. — Alt. 1-1/2-2mill. — Diam. 1/2-1.

HAB. et STAT. : Les lieux ombragés, les haies; sous les pierres; au milieu des mousses; au-dessous des lichens peltigères; Pellegrin, Gradignan, Cestas, etc. CC.

2. VERTIGO MINUTISSIMA , *V. très-petit.* Hartmann.

> Hartm. 28. pl. 2. f. 5. — Moq. 1. pl. 28. f. 20-24.
>
> *Vertig. cylindrica.* Fér.
>
> *Vertig. muscorum.* Mich.
>
> *Pupa minutissima.* Lam. Dh. 46. — Dup. 37. pl. 20. f. 13.
>
> *Pupa muscorum.* var. Drap. pl. 3. f. 36-37.

T. minutissimâ, dextrorsâ, subcylindricâ, subperforatâ; vix striatâ, diaphanâ, fulvâ; apertur. edentulâ; anfr. 6-7. — Alt. 1-1/2-2mill. — Diam. 1/2-1.

HAB. et STAT. : Partout; les lieux secs, les vieux murs; sous les feuilles mortes, sous les pierres; parmi les mousses terrestres. C.

3. Vertigo pusilla , *V. pusille.* Mull.

> Mull. 320. — Mich. Compl. n° 5. — Dup. 33. pl. 20.
> f. 16. — Moq. 9. pl. 29. f. 12-14.
>
> *Pupa pusilla.* L. Pfr. Symb. p. 128.
>
> *Pupa vertigo.* Drap. 5. pl. 3. f. 34-35.

T. minutissimâ, cylindricâ, sinistrorsâ, perforatâ, subtilissimè striatâ, subpellucidâ, fuscâ; apertur. 6 dentatâ; anfr. 4-5. — Alt. 1-¹/₂-2ᵐⁱˡˡ. — Diam. ¹/₂-³/₄.

Hab. et Stat. : Espèce montagnarde de la France septentrionale. — Rare à Bordeaux. Elle a été trouvée à Bourg, à Lagrolet; sous les feuilles mortes, près d'un filet d'eau. (Dʳ Jourdain.)

4. Vertigo moulinsiana , *V. de Des Moulins.* Dup.

> Dup. Cat. extr. mar. 284. — Hist. 30. pl. 20. f. 11. —
> Des M. Suppl. n° 4. — Moq. 4. pl. 28. f. 31-33.
>
> *Pupa anglica.* Moq. Cat. Toulouse. n° 28.
>
> *Pupa Charpentieri.* cl. fid. Moq.

T. minutissimâ, ovato-ventricosâ, subperforatâ, nitidulâ, fulvâ; aperturâ 4 dentatâ; anfr. 4. — Alt. 2-¹/₂-3ᵐⁱˡˡ. — Diam. 2.

Hab. et Stat. : Les lieux secs, sous les feuilles mortes ; le Bouscat, à Spics. (M. Coudert.) Mai. C.

5. Vertigo anti-vertigo , *V. anti-vertigo.* Moq.

> Moq. Hist. 7. pl. 29. f. 4-7.
>
> *Pupa anti-vertigo.* Drap. pl. 3. f. 32-33.—Lam. Dh. 51.
> — Des M. 7. — Dup. 32. pl. 20. f. 15.
>
> *Vertigo sex dentata.* C. Pfr. t. 3. f. 43-44.
>
> *Stomodonta anti-vertigo.* Merm. 16.

T. minutissimâ, dextrorsâ, subcylindricâ, perforatâ, subtilissimè striatâ, nitidâ, pellucidâ: apert. 6-7 dentatâ ; anfr. 5. — Alt. 1-¹₂-2ᵐⁱˡˡ. — Diam. ¹₂-³/₄.

Hab. et Stat : Espèce de la France septentrionale; existe
à Bordeaux, dans les bois; à Pellegrin, à Gradignan, sous
les feuilles mortes, sous les mousses, les lichens; à la Pépinière, sous les pierres. C.

3ᵉ Famille. — AURICULÉENS.

AURICULACÉS. Blainville. — Moquin.

Animal héliciforme, allongé, spiral; cuirasse nulle; un
collier; mâchoire solitaire; deux tentacules cylindriques
rétractiles.

Coquille complète, spirale; l'ouverture ovale, dentée;
point d'opercule.

Les Auriculéens sont des Mollusques pulmobranches herbivores. Les uns habitent le voisinage des eaux douces, les
autres celui des eaux salées. Nous n'avons dans le département que le genre Carychium, composé de trois espèces.

XIIᵉ Genre. — CARYCHIUM, *CARYCHIE*. Mull.

AURICULA. Lam.

Animal grêle, spiral; deux tentacules conico-cylindriques.
Coquille : dextre, oblongue ou cylindroïde; columelle à
1. 2. ou 3. plis.

Espèces.

A. *du littoral maritime.*

1. Carychium myosote, *C. myosote*. Fér.

Fér. père. Syst. Conch. — Mich. nº 1. — Desh. Dict. 1.
— Moq. nº 4. pl. 30.f . 1-4.
*Auricula myosotis.*Drap. pl. 3. f. 16-17. — Lam. 9.
— Fér. 1. — Des M. Cat. p. 17.

*T. ovato-oblongâ, nitidâ, tenuiter striatellâ, fulvâ; columellâ
3 plicatâ. — anfr. 8-9 — Alt. 9-12ᵐⁱˡˡ. — Diam. 5-6.*

Hab. et Stat. : Cette espèce n'est pas marine ; elle habite la plage et vit sur les plantes du littoral ; à Royan ; sur le *Juncus maritimus*. R.

2. Carychium personnatum , *C. personné*. Mich.

Mich. Compl. 2. pl. 15. f 42-43. — Lam. Dh. n° 17.

Carychium denticulatum. Moq. 2. pl. 29. f. 27-29.

T. ovato-oblongâ, tenui, lœvigatâ, nitidâ, albidâ; columellâ 4 plicatâ. — anfr. 7-9. — All. 8-9^{mill}. — *Diam* 2-3.

Hab. et Stat. : Le littoral maritime, sur les végétaux, comme la précédente. R.

B. *des lieux fluviatiles.*

3. Carychium minimum , *C. naine*. Mull.

Mull. 321. — Fér. n° 2. — Mich. 3. — Dup. pl. 21.
f. 1. — Moq. 1. pl. 29. f. 15-26.
Auricula minima. Drap. pl. 3. f. 18-19. — Lam. 10.

T. minimâ, oblongâ, lœvigatâ, diaphanâ, albidâ: aperturâ 3 dentatâ. anfr. 4-5. — All. 1-1/2^{mill}. — *Diam.* 1/2-1.

Hab. et Stat. : Partout : au bord des étangs, des ruisseaux, des fossés aquatiques ; sur les tiges et les feuilles du *Sium nodiflorum*, du *Lysimachia vulgaris*, du *Nasturtium officinale*, *Veronica anagallis*, *beccabunga*, etc., etc.

On la trouve aussi dans les alluvions de la Garonne. CC.

Ordre 2e. — Pulmonés inoperculés.

4e Famille. — CYCLOSTOMIENS.

Gastéropode terrestre non hermaphrodite ; l'orifice respiratoire large ; mufle proboscidiforme ; deux tentacules cylindriques oculés à la base.

Coquille complète, operculée.

Cette famille comprend deux genres : Cyclostoma , Acme.

XIIIᵉ Genre. — CYCLOSTOMA, *CYCLOSTOME*.

ANIMAL très-spiral, sans collier, ni cuirasse ; mâchoire nulle, remplacée par un mufle ; deux tentacules rétractiles.

COQUILLE dextre, ovale ou turriculée, légèrement ombiliquée ; ouverture ronde, operculée, à bords réunis.

Les Cyclostomes sont phytiphages. Ils habitent les haies, les bois, sur les arbustes, sur les rochers calcaires, sous les feuilles mortes, parmi les mousses terrestres.

Nous n'avons que deux espèces dans le département.

Espèces.

1. CYCLOSTOMA ELEGANS, *C. élégant*. Drap.

> Drap. pl. 1. f. 5-7. — Lam. 25. — Des M. 1.—Blainv.
> Malac. pl. 34. f. 7. — Dup. nº 1. pl. 26. f. 8. —
> Moq. 2. pl. 37. f. 3-22. — Desh. Dict. nº 6.

T. ovato-conicâ, perforatâ, solidâ, subtilissimè striatâ; colore variâ. — anfr. 5. — All. 10-15ᵐⁱˡˡ. — Diam. 8-12.

Var. *a. luteola; fasciato-punctata.*
> *b. concolor; albina ochroleuca, vel violacea.*
> *c. oceanica; lineolat., maculat., fusc., ornata.*

HAB. et STAT. : Les haies, les chemins, les vignes, les champs, les bois, sur les plantes sèches, les pelouses, le long des murs. CC. — La variété maritime est plus petite, ornée de linéoles colorées et ponctuées de brun.

2. CYCLOSTOMA MACULATUM, *C. pointillé*. Drap.

> Drap. 13. pl. 1. f. 13. — Lam. Dh. 45. — Desh. 2.
> Dup. nº 6. pl. 26. f. 15. — Moq. 7. pl. 37. f. 37-38.

T. conico-turriculatâ, elongatâ, valdè striatâ, griseâ, punctulatâ. — anfr. 7-8. — All. 12-14ᵐⁱˡˡ. — Diam. 2-1/2-3-1/2.

Hab. et Stat. : les côteaux calcaires sylvatiques; dans les lieux humides et mousseux; Cenon (M. Durieu); Pauillac (Dr Mahieu); Floirac, sur le tronc des chênes.

XIVᵉ Genre. — ACME, *ACMÉE*. Hartm.

Animal grêle, allongé; collier rudimentaire; mufle proboscidiforme; orifice respiratoire sous le collier; tentacules filiformes.

Coquille operculée, subcylindrique, subombiliquée.

Les Acmées sont de petits mollusques qui vivent de mousses, de feuilles mortes, dans les bois et les lieux humides.

Espèces.

1. Acme lineata , *Acmée linéolée.*

> Hartm. in Sturm. 4. nᵒ 2. f. 6. — Dup. nᵒ 2. pl. 27. f. 2. Moq. 2. pl. 38. f. 4 à 7.
>
> *Acmea lineata.* Hartm.
> *Auricula lineata.* Dr. pl. 3. f. 20-21.
> *Carych. lineatum.* Fér. — Mich.

T. cylindricâ, elongatâ, imperforatâ, nitidissimâ, fulvâ aut fuscâ; anfr. 5-7. — Alt. 2-3ᵐⁱˡˡ. — Diam. ¹/₂-³/₄.

Hab. et Stat. : Sous les pierres humides; sous les mousses; *Bartram. vulgaris*; Gradignan. R.

2. Acme fusca , *A. fauve.* Beck.

> *Carych. lineatum.* Rossm. 5. f. 408. (non Fér. nec Mich.) — Dup. 1. pl. 26. f. 1. — Moq. 3. pl. 38. f. 8-16.

T. cylindraceâ, tenui, lævigatâ, nitidissimâ, subdiaph., fulvo-rubescente; anfr. 5-6. — Alt. 2-3ᵐⁱˡˡ. — Diam. ¹/₂-1.

Hab. et Stat. : Les lieux humides; parmi les mousses; *Bryum androgynum, cœspiticium; Dicranum scoparium;* Pellegrin. R. — Alluvions de la Garonne.

(121)

GASTÉROPODES FLUVIATILES.

Ordre 3ᵉ. — INOPERCULÉS PULMOBRANCHES.

(*Pulmonés aquatiques.*)

5ᵉ Famille. — LIMNÉENS. Lam.

(HYDROPHYLES. Fér.)

ANIMAL : allongé, spiral; collier cervical; mufle court; deux tentacules contractiles, oculés à la base.

COQUILLE : inoperculée, ovale ou enroulée, ou en capuchon.

Les Limnéens vivent dans les eaux douces, et respirent à sa surface; ils se nourrissent de végétaux aquatiques.

Cette famille se compose de quatre genres : PHYSE, LIMNÉE, PLANORBE, ANCYLE.

XVᵉ Genre. — PHYSA, *PHYSE*. Drap.

ANIMAL : grêle, ovale, sans cuirasse, à collier large, frangé; le manteau digital; le pied long, arrondi; deux tentacules subulés, aciculaires.

COQUILLE : sénestre, spirale, oblongue, ampullacée, très-mince, transparente, à columelle torse.

Les Physes sont herbivores; elles habitent les eaux pures des rivières, des viviers, des fontaines, etc., et s'alimentent de plantes fluviatiles.

Espèces.

1. PHYSA FONTINALIS, *P. des fontaines*. Drap.

Drap. pl. 3. f. 8-9. — Des M. 1. — Dup. nº 2. pl. 22. f. 1. — Moq. 2. pl. 32. f. 9-13.

T. sinistrorsâ, ovoïdeâ, inflatâ, lævi, pellucidâ; spirâ, brevissimâ; corneo-fulvâ; anfr. 3-4. — Alt. 6-10ᵐⁱˡˡ. — Diam. 4-8.

Var. *a. minor.* — *Pulchra! lævissima.*

9

Hab. et Stat. : Les sources, les fontaines, les bassins, les fossés d'eau pure; sur les *Sium angustifol.*, *nodiflor.* ; les *Chara fœtida*, *flexilis;* les *Callitrichum vernalis, autumnalis.*

Cette espèce s'élève, dans les Vosges, à 340ᵐ. (Puton.)

2. Physa acuta, *P. aiguë.* Drap.

Drap. 2. pl. 3. f. 10-11. — Des M. 2. — Lam. éd. Desh. 8. — Mich. Compl. n°. 3. pl. 16. f. 19-20. — Dup. n° 3. pl. 22. f. 3. — Moq. 3. pl. 32. f. 14-23; pl. 33. f. 1-10.

T. sinistrorsâ, ovato-oblongâ, ventricosâ, solidâ, sublævigatâ, diaphanâ, pallidè corneâ; anfr. 4-5. — Alt. 8-16ᵐⁱˡˡ. — Diam. 7-9.

Var. *a. major:—Phys. castanea.* Lam. 1.—Encycl. pl. 459. f. 1 *a. b.*

b. minor : — Albida; — translucida.

Hab. et Stat. : Les fossés aquatiques des allées de Boutaut, des prairies de Rivière, de Bacalan, de Bruges, etc. CC. — Parmi les *Potamogeton*, les *Berles*, les *Myriophylles*, les *Fontinales;* les *Vaucheries*, les *Chantransies;* la variété *b.* est très-petite, très-brillante. C.

3. Physa hypnorum. *P. des mousses.* Drap.

Drap. pl. 3. f. 12 à 13. — Dup. n° 5. pl. 22. f. 5. Moq. 4. pl. 33. f. 11-15.

T. sinistr. ovato-elongatâ, turritâ, nitidissimâ, subdiaphanâ: spirâ peracutâ; lutesc. fulvâ; anfr. 5-6. — Alt. 8-12. — Diam. 3-5.

Hab. et Stat. : Les eaux pures parmi les *Callitrics;* la *Fontinalis anti-pyretica;* environs de Libourne (M. Des Moul.), Guîtres, Coutras (le Dʳ Jourdain); les petits étangs de Bautiran et de Villenave-d'Ornon, sur les *Hypn. fluitans* et *palustre* (Dargelas).

XVIᵉ Genre. — LIMNÆA , *LIMNÉE*. Lam.

Animal : Ovale ou oblong, spiral; collier épais; pied bilobé; bouche armée d'une dent supérieure bifide ; 2 tentacules subtrigones.

Coquille : dextre, oblongue, ventrue ou turriculée, mince; un pli columellaire oblique.

Les Limnées vivent dans les eaux douces, paisibles, stagnantes, avec les Valvées, les Planorbes et se nourrissent de plantes aquatiques, surtout de conferves, de lentilles, d'eau, etc.   .

Espèces.

1. Limnæa auricularia, *L. auriculaire*. Drap.

Drap. pl. 2. f. 28-29. — C. Pfr. pl. 4. f. 17-18. — 2. pl. 33. f. 21-31. — pl. 34. f. 1-10. — Dup. 9. pl. 22. f. 78. — Des M. 2ᵉ Supl. n° 16.

T. ovato-ventricosâ, ampullaceâ, perforatâ, tenui, striatâ, nitidâ, pallidè corneâ; spirâ brevissimâ, acutâ; anfr. 3-1/2-4. — Alt. 20-35ᵐⁱˡˡ — Diam. 17-30.

Var. *a. maxima.*
    b. minor.

Hab. et Stat. : Les étangs, les mares, les fossés aquat., parmi les Myriophylles, les Potamogeton. R. — A Blanquefort, au Taillan (Dʳ Souverbie), à Mérignac (M. Gassies), à La Réole, Sainte-Foy. (Ipse).

2. Limnæa ovata, *L. ovale*. Drap.

Drap. pl. 2. f. 30-31. — Lam. 8. — Des M. 5. et 2ᵉ Supp. 1852. Act. Soc. Lin. t. 17. p. 426-437. — Dup. 8. pl. 22. f. 11-13. pl. 23. f. 3-4. — Moq. 3. pl. 34. fig. 11-12.

*T. ovato-elongatá, subventricosá vel ampullaceá, tenui, fra-
gili, nitidá, pellucidá; apert. maximá; spirá brevi; anfr. 4-5. —
Alt. 20-30mill. — Diam. 15-20.*

Var. *a. fontinalis.* Moq. β — *L. fontinalis.* Stud.

　　b. Nouletiana. Moq. 1. — *L. Nouletiana.* Gassies.
　　　　Moll. de l'Agenais. 4. pl. 2. f. 2.

　　c. Trencaleonis. Moq. λ. — *L. Trencaleonis.* Gass.
　　　　l. c. n° 2. f. 1.

　　d. crassa. Gassies. Act. Soc. Lin. t. 17.

Hab. et Stat. : Les fossés, les ruisseaux, les eaux stagnantes. La var. *a.* partout; la var. *b. d.* dans le Peugue, à
Arlac (M. Fischer); la var. *c.* à Cadillac (M. Cazenavette);
les marais des Chartrons (M. Barbet fils); le Bouscat (M. de
Relinguent).

3. Limnæa intermedia, *L. intermédiaire.* Fér.

　　Lam. éd. Desh. 10. — Mich. n° 3. pl. 16. f. 17-18.
　　Des M. 2ᵉ suppl. 1. c. n° 6. p. 429.

　　L. ovata. Var. Dup. pl. 23. f. 4. — *L. vulgaris.*
　　C. Pfr. pl. 4. f. 22.

*T. ovatá-perforatá, tenuissimá, diaphaná, subtilissimè striatá,
pallidè corneá; spirá brevi, acutá; anfr. 4-5. — Alt. 15-18ᵐ. —
Diam. 10-12.*

Hab. et Stat. : Les eaux stagnantes; environs de Bordeaux, Pessac (M. Fischer); environs de Langon, de Castres. (Ipse).

4. Limnæa glutinosa, *L. glutineuse.* Dr.

　　Mull. 323.—Lam. éd. Desh. 20. — Des M. 6. — Drap. 3.
　　pl. 2. f. 34-37. — Mich. 4. pl. 36. f. 13-14. — Dup.
　　n° 6. pl. 24. f. 3. — Moq. 1. pl. 33. f. 16-10.

*T. ovato-subglobulosá, inflatá, fragilissimá, nitidissimá, hya-
liná; apert. amplá; corneo-fuscá; anfr. 3-4. — Alt. 14-15mill.
— Diam. 10-12.*

Hab. et Stat. : Les eaux dormantes, parmi les *berles*, les *potamogeton*, les *lemna*, etc. Le ruisseau du Peugue, la lande d'Arlac, sous le pont (M. Durieu de Maisonneuve), Cambes. (*Ipse*).

5. Limnæa peregra , *L. voyageuse*. Drap.

Mull. 324. — Drap. pl. 2. f. 34-37. — Lam. 9. — Des M. 7. — Dup. n. 6. pl. 23. f. 6.

*T. ovato-obl., subelongatâ, subventricosâ, striatulâ, subopacâ, corneo-fulvâ; spirâ brevi; anfr. 4-5. — Alt. 10-25*mill*. — Diam. 5-15.*

Hab. et Stat. : Les fossés aquatiques, les ruisseaux, les étangs; Lassouys (M. Des Moul.) Camblanes (*Ipse.*)

6. Limnæa stagnalis, *L. stagnale*. Lin.

Gm. 128. — Mull. 327. — Encycl. pl. 459. f. 6. — Lam. 2. — Des M. 1. — Drap. pl. 2. f. 38-39. — Dup. nº 4. pl. 22. f. 10. — Moq. 5. pl. 34. f. 17-20.

*T. ovato-elongatâ, ventricosâ, substriatâ, tenui, nitidâ, pellucidâ, corneo-fulvâ; spirâ acutâ; apert. amplâ; anfr. 6-8. — Alt. 40-65*mill*. — Diam. 20-30.*

Var. *a. maxima; turgida*. Moq. ε

b. perlucens; fragilis. Moq. η — *Stagnicola elegans*. Leach. Brit. Moll.

c. elongata; subfusca. Moq. β.

Hab. et Stat. : Les fossés aquatiq., les mares, les étangs, les viviers. CC. — Les allées de Boutaut, Bacalan, Rivière, Pessac, etc. etc.

Se nourrit de *lentilles d'eau*, ainsi que l'a prouvé M. Fischer, par une suite d'expériences curieuses.

7. Limnæa palustris , *L. palustre*. Mull.

Mull. — Gm. — Lam. 3. — Des M. 1. — Drap. 6. pl. 2. f. 40-41. — Dup. nº 6. pl. 22. f. 7. — Moq. 7. pl. 34. f. 25-35. — *Stagnicola communis*. Leach.

*T. ovato-elongatâ, imperforatâ, striatâ, solidâ, subopacâ; spirâ
acutâ; apert. ovatâ; anfr. 5-7. — Alt. 10-25^mill. — Diam. 8-12.*

Var. *a. corvus.* Moq. β — *L. corvus.* Dup. Cat.
    b. fusca. Moq. ζ — *L. fuscus.* Pfeiff.
    c. lacunosa. Moq. ε — *L. lacunosus.* Zgl.
    d. albida-morbosa.

Hab. et Stat. : Mêmes localités que la précédente. CC. —
Se nourrit aussi de *Lemna.* (M. Fischer.)

8. Limnæa minuta , *L. petite.* Dr.

    Lam. 12. — Des M. 4. — Drap. pl. 3. f. 5-7. — Dup.
    n° 5. pl. 24. f. 1. — Moq. 6. pl. 34. f. 21-24.
    Helix truncatula. Gm. 132. — Mull. 325.
    Limneus fossarius. Turton.

*T. minutâ, ovoïdeo-oblongâ, subperforatâ, striatulâ, tenui,
subpellucidâ, pallidè corneâ; spirâ elongatulâ, acutâ: anfr. 5-6.
— Alt. 6-15. — Diam. 3-9.*

Hab. et Stat. : Les eaux stagnantes, les fossés des prairies de Bacalan , de Rivière, Bruges , Blanquefort. CC.
S'élève dans les Vosges à 1,150^m (Puton), et à 1,200^m dans
les Pyrénées. (M. Moquin).

9. Limnæa elongata. *L. allongée.* Dr.

    Drap. 7 pl. 3. f. 3-4. — *L. leucostoma.* Lam. 11. —
    Des M. 3. — Mich. 9. — *L. glabra.* Moq. 8. pl. 34.
    f. 36-37. — Dup. 2. pl. 22. f. 9.

*T. elongato-turritâ, imperforatâ, striatellâ, solidulâ, subpel-
lucidâ, corneo-fuscâ; apert. abbreviatâ: anfr. 7-9. — Alt.
12-20^mill. — Diam. 4-8.*

Hab. et Stat. : Les fossés aquat., les marais , les étangs ,
les bassins du département, les allées de Boutaut, Rivière. C.
Se nourrit de myriophylles, de potamogetons , de lentilles
d'eau , etc.

XVIIe Genre. — PLANORBIS, *PLANORBE*. Guettard.

ANIMAL : allongé, enroulé, spiral ; collier épais ; pied ovale ; mâchoire solitaire ; 2. tentac. aciculaires, très-longs.

COQUILLE : discoïde, inoperculée, à spire surbaissée ; columelle nulle.

Les planorbes habitent les eaux douces, tranquilles, avec les limnées et se nourrissent de *myriophylles*, de *potamogetons*, de *lentilles d'eau*, de *riccies*, *vaucheries*, *conferves*, etc.

Pour la distribution des espèces, j'ai suivi celle de M. l'abbé Dupuy.

Espèces.

ᐧ *Arrondis.*

1. PLANORBIS CORNEUS. *P. corné.* Dr.

> Hist. 2. pl. 1. f. 42-44. — Lam. 2. — Des M. 2. — Dup. 1. pl. 21. f. 6. — Moq. 12. pl. 31. f. 32-38.

T. magnâ, dextrorsâ, inflatâ, subtùs plano-depressâ, suprà profundè umbilicatâ, corneâ aut. fulv.; anfr. 5-6.; ultimo maximo, rotundato. — alt. 8-14^{mill}. — Diam. 20-39.

Var. *a. lubrica.* Grat. — *T. cinereo-alba.*

> *b. albina.* Moq. β
>
> *c. subscalaris.*

HAB. et STAT. : Les eaux stagnantes, des rivières, des viviers ; les fossés des prairies de Bacalan, des allées de Boutaut, de Bruges, etc., etc. CC.

Le Peugue, partout ; le Médoc, etc.

2. PLANORBIS CONTORTUS, *P. contourné.* Mull.

> Mull. 348. — Lam. 9. — Des M. 1. — Drap. pl. 1. f. 39-41. — Dup. 2. pl. 21. f. 2. — Moq. 11. pl. 31. f. 24-31.

T. minutá, discoïdeá, tenui, supernè depressá, sublùs profundè umbilicatá, centro-excavato; anf. 6-8. — Alt. 2mill. — Diam. 3-4.

Hab. et Stat. : Les fossés aquatiques ; partout… ceux des allées de Boutaut, de Rivière, parmi les lentilles d'eau; la *Riccia fluitans*; *trapa natans*; les myriophylles, etc. C. — Le Médoc (Dr Mahieu).

3. Planorbis albus, *P. blanc.* Mull.

Mull. 350. — Dup. 4. pl. 21. f. 4. — Moq. 9. pl. 31. f. 12-19. — Pl. *hispidus.* — Drap. 3. pl. 1. f. 45-48. — Lam. 10. — Des M. 3. — Pl. *Villosus.* Poiret. 9.

T. dextrorsá, orbiculatá, suprà planá, sublùs-excavatá, latè umbilicatá, hispidá, pellucidá; anfr. 3-4. — Alt. 1-1-1/2mill. — Diam. 3-6.

Hab. et Stat. : Mêmes localités ; parmi les *chara*, les *chantransia*, les *vaucheria*, l'*hydrodyction pentagonum*; les *conferva jugalis*, *stellina*, etc. CC. — Le Médoc (Dr Mahieu).

Subcarénés.

4. Planorbis nautileus, *P. nautile.* L.

Lin. (Turbo) 234. — Lam. éd. Desh. — Dup. 5. pl. 21. f. 12-13. — Moq. 8. pl. 31. f. 6-11.

T. parvulá, discoïdea, vix suprà planatá, sublùs latè umbilicatá, subcarinatá, multidentatá; anf. 2-3. — Alt. 1/2-1mill. — Diam. 1-3.

Var. a. *crista.* Moq. α. — *Pl. cristatus.* Dr. n° 9. pl. 2. f. 1-3. — Des M. 5.

    b. *imbricatus.* — Moq. β. *Pl. imbricatus.* — Mul. 341. — Lam. 12. — Des M. 4. — Drap. 4. pl. 1. f. 49-51.

Hab. et Stat. : Les fossés aquatiques ; partout. C. — Ceux principalement de Rivière, Bacalan, parmi les plantes herbacées, les conferves, etc.

5. Planorbis spirorbis , *P. spirorbe.* Mull.

> Mull. 347. — Lam. 6. — Des M. 7. — Drap. pl. 2. f. 8.
> — Dup. 6. pl. 21. f. 9. — Moq. 7. pl. 31 f. 1-5.

T. parvâ, discoïdeá, utrinquè plano-depressá, fragili, sub-pellucidá; pallidè-corneá; anfr. 5-6. — Alt. 1-2mill. — Diam. 5.

HAB. et STAT. : Mêmes localités, parmi les mêmes végétaux.

Se trouve dans les terrains granitiques, dans les Vosges, à 1,000 mètres d'élévation (Puton).

6. Planorbis leucostoma , *P. leucostome.* Millet.

> Moll. de Maine-et-Loire. 2. éd. p. 44. n° 7. — Dup. 7.
> pl. 21. f. 11. — Moq. 6. pl. 30. f. 38-46.

T. discoïdeá, subdepressá, suprà vix concavá, subtùs planá; subnitidá, striatulá, lutescente; aperturá, subangulatá, intùs albidá; anfr. 5-6. — Alt. 1-2mill. — Diam. 5-8.

HAB. et STAT. : Les eaux paisibles, les mares, les étangs, les fossés parmi les *chara*, les *riccia*, les *lemna*, les *conferva*, etc., etc., C. — Seige (M. Durieu); Médoc (Mahieu).

··· *Carénés.*

7. Planorbis vortex , *P. tourbillon.* Mull.

> Mull. 345. — Lam. 7. — Des M. 6. — Drap. pl. 2. f. 4-5.
> — Dup. 10. pl. 21. f. 10. — Moq. 5. pl. 30. f. 34-37.

T. discoïdeá, compressá, subtùs planulatá, carinatá, substriatá, subdiaphaná; anfr. 6-7. — Alt. 1mill. — Diam 6-8.

HAB. et STAT. : Fossés des prairies de Bacalan, des allées de Boutaut, de Rivière, Pessac, etc., parmi les *myriophylles*, les *potamogeton*, les *riccia*, *lemna*, etc.

8. Planorbis carinatus, *P. caréné.* Mull.

> Mull. 344. — Lam. 3. — Drap. pl. 2 f. 13-14. — Dup.
> 11. pl. 21. f. 7. — Moq. 4. pl. 30. f. 29-33.

T. discoïdeâ, complanatâ, suprà plano-depressâ, sublùs vix concavâ, angulatâ, valdè carinatâ, subdiaphanâ, striatulâ, corneâ; anfr. 5-6. — *All.* 2-3mill. — *Diam.* 10-14.

Var. *a. subscalaris.*

HAB. et STAT. : Les mêmes que les précédents.

Très-abondant partout, au milieu des plantes aquatiques.

9 PLANORBIS COMPLANATUS , *P. aplati.*

> Lin. syst 579. — Lam. Desh. 13. — Des M. 9. (non Drap.)
> — Dup. 12. pl. 21. f. 5. — Moq. 3 pl. 30. f. 18-28
> — *Pl. marginatus.* Drap. 8. pl. 2. f.11-12-15.

T. discoïdeâ, complanatâ, suprà subconcavâ, utrinquè umbilicatâ, vix carinatâ, striatâ; corneo-fuscâ; anfr. 5-6. — *All.* 3-4mill. — *Diam.* 12-16.

HAB. el et STAT. : Mêmes localités; vit avec le précédent, dont il n'est peut-être qu'une variété.

10. PLANORBIS FONTANUS , *P. fontinal.* Flem.

> Dup. 14. pl. 21. f. 15. — Moq. n° 2. pl. 30. f. 10-17.

T. parvulâ, lenticulari, convexiusculâ, sublùs vix umbilicatâ, tenui, corneâ, nitidâ; anfr. 3-4. — *ultimo carinato.* — *All.* 1/2-1mill — *Diam.* 2-4.

HAB. et STAT. : Les eaux paisibles, pures, sur les *chara*, les *conferva*, les *riccia*, etc.

11. PLANORBIS NITIDUS , *P. brillant.* Mull.

> Mull. 349. — Lam. 11. — Des M. 11. — Dup. 15. pl.
> 21. f. 14. — Moq. 1 pl. 50 f. 5-9.

T. orbiculari, complanatâ, carinatâ, tenui, nitidissimâ, diaphânâ, subtilissimè striatâ; corneo-fulvâ; anfr. 3-4. — *All.* 1-1/2. — *Diam.* 4-6.

Var. *a. clausulatus.* Fér. — *Pl. nitidus.* Dr. n° 10. pl. 2 f. 17-19. — Des M. 10.

> *b. complanatus.* Drap. pl. 2. f. 20-22.

HAB. el STAT. : Les eaux stagnantes, partout. C.; la var *a.* lande d'Arlac (M. Des Moulins.) R.

XVIIIᵉ Genre. — ANCYLUS, *ANCYLE*. Geoffroy.

ANIMAL : conico-ovoïde, non spiral; collier très-mince;
pied elliptique ou ovalaire; tentac. subulés, subtétragones.

COQUILLE : petite, patelliforme, non spirale, à sommet
aigu ; columelle nulle.

Les ancyles vivent dans les eaux douces, adhèrent aux
tiges ou aux feuilles des plantes aquatiques, ou aux pierres,
ou aux rochers inondés. Ils se nourrissent de conferves, de
fibriles et de parenchyme végétal.

Espèces.

1. ANCYLUS FLUVIATILIS, *A. fluviatile*. Mull.

> Mull. 386. — Lam. 2. — Des M. 1. — Drap. pl. 2. f.
> 23-24. — Dup. 1. pl. 27. f. 1. — Moq. 2. pl. 35. f.
> 5-38; pl. 36. f. 1-40.

*T. cucullatâ, conicâ, tenui, fragili, subpelluciâ, lutesc. aut.
fuscâ; apert. subellipticâ. — Alt. 4-6ᵐⁱˡˡ. — Diam. 6-8.*

HAB. et STAT. : Les rivières, les ruisseaux, les viviers, les
étangs, sous les feuilles du *nymphea alba*, du *nuphar luteum*,
du *menyanthes trifoliata*, etc. sur les rochers calc. C.

2. ANCYLUS LACUSTRIS, *A. lacustre*. Mull.

> Mull. 385.—Drap. pl. 2. f. 25-27.—Des M. nº 8. Suppl.
> — Dup. nº 7. pl. 26. f. 7.—Moq. 3. pl. 36. f. 50-55.

*T. subconicâ, capuloïdeâ, depressâ, tenuissimâ, subtilissimè
striatâ, pallidè corneâ; apert. ellipticâ; alt. 2-3ᵐⁱˡˡ. — Diam. 5-8.*

HAB. et STAT. : Eaux paisibles; les bassins, les mares,
les étangs; sur les pierres calc., sur les débris de plantes;
sur les feuilles et les tiges de la *hottonia palustris*, sous les
feuilles du *trapa natans;* du *caltha palustris*, sur la tige du
scirpus-lacustris. R.— Sur les feuilles du *nénuphar*, l'étang,
à Villenave-d'Ornon. (M. Fischer.)

Ordre 4ᵉ. — Operculés pectinibranches.

Branchifères. Moquin.

6ᵉ Famille. — PÉRISTOMIENS. Lam.

PALUDINÉENS. Grat. et Raul.

Animal : semi-cylindrique; mufle proboscidiforme; Branchies pectinées respirant l'eau; deux tentacules contractiles, subulés, oculés à la base.

Coquille : complète, operculée, spirale, conoïde ou turriculée; péristôme continu ou subcontinu.

Les Péristomiens, comprennent trois genres : Paludine, Bithinie, Valvée; ils habitent les eaux douces, stagnantes, vivent avec les limnéens et se nourrissent comme eux du parenchyme des végétaux aquatiques.

XIXᵉ Genre. PALUDINA, *PALUDINE.* Lam.

Animal : ovale, spiral; trois rangs de branchies filamenteuses; deux mâchoires étroites; deux tentacules linéaires. Sexes séparés.

Coquille : dextre, épidermée, conoïde, ventrue, spirale, subombiliquée; ouverture ovale; péristome tranchant; opercule subcalcaire.

Les paludines habitent les rivières, les ruisseaux, les viviers, les étangs, les fossés, etc., et s'alimentent de riccies, de salvinies, de lentilles d'eau, de myriophylles, etc., etc.

Espèces.

1. Paludina vivipara , *P. vivipare.* Lam.

Des M. 1. *cycl. viviparum.* — Dr. 5. pl. 1. f. 16. — *Pal. contecta* — Moq. 1. pl. 40 f. 1-24. — *Vivipara vulgaris.* Dup. 1. pl. 27. f. 5.

T. magnâ, conoïdeo-ventricosâ, tenui, nitidâ, diaphanâ, vix umbilicat., olivaceo-virente.— anfr. 6-8; convex.— Alt. 25-40mill. — Diam. 16-30.

HAB. et STAT. : La Garonne, les étangs, les fossés; Bacalan; le Médoc aux bords de la Gironde. (D. Mahieu).

2. PALUDINA ACHATINA, *P. agathine*. Lam.

Cyclost. achatinum. Dr. 6. pl. 1. f. 18.
Palud. fasciata. Desh. in Lam. (*note.*)
Palud. vivipara. Moq. 2. pl. 40. f. 25.
Vivipara fasciata. Dup. 2. pl. 27. f. 6.

T. ovato-conicâ, subventric. subperforatâ, solidâ, trifasciatâ; anfr. 5-6. — Alt. 25-35mill. — Diam. 15-30.

HAB. et STAT. : les rivières qui communiquent avec la mer; la Gironde, la Garonne; les marais de Bacalan (*Ipse*), du Médoc (Mahieu). C.

3. PALUDINA TENTACULATA, *P. tentaculée*. Flem.

Gray. — Man. n° 5. — Dup. 1. pl. 27. f. 7.

Palud. impura. Lam. n. 5. — Des M. 2.
Cycl. impurum. Dr. 7. pl. 1. f. 19-20.
Bythinia tentaculata. Moq. 12. pl. 39. f. 23 à 44.

T. ovato-obl., elong., imperforatâ, turriculatâ, lœvig. pellucidâ; corneo-flavesc.; anfr. 5-6. — Alt. 8-12mill. — Diam. 5-8.

Var. *a. major.* — *Pal. bulimoides?* Lam. 9.
    b. subscalaris.

HAB. et STAT. : Les étangs, les marais, les fossés aquatiques des prairies du département; parmi les *Potamogetons*, les *Myriophylles*, les *Vaucheries*, etc. CC.

La var. *a.* est rare (Pessac).

La var. *b. rarissime* (allées de Boutaut) (*Ipse*).

XXe Genre. — BYTHINIA, *BYTHINIE*. Gray.

HYDROBIA , Hartmann.

ANIMAL : ovale, allongé, spiral ; un seul rang de branchies ;
mâchoire nulle.

COQUILLE : dextre, conoïde, ventrue ou ovoïde, ou allongée
turriculée ; columelle subspirale ; opercule corné.

Les vraies Bythinies aiment les eaux pures, des sources,
des fontaines et se nourrissent de végétaux aquatiques, de
conferves, de riccies, de charagnes. On observe des bythinies sur le littoral maritime, dans les eaux saumâtres, les
prés salés. Celles-ci se nourrissent de plantes marines, etc.,
etc., et doivent être regardées sinon comme fausses ou dou-
teuses, au moins comme sous-marines.

Espèces.

Vraies ou *des eaux pures.*

1. BYTHINIA ABBREVIATA , *B. raccourcie.* Mich.

Pal. abbreviata. — Mich. Compl. n° 12. pl. 15. f.
52-53.— Lam. éd. Desh. n° 26. — Moq. 4. pl. 38.
f. 37-38.

Hydrobia abbreviata. — Dup. 10. pl. 28 f. 4.

T. *minimâ, ovatâ, subcylindricâ, lævi, nitidâ, vitreâ, pellu-*
cidâ, corneâ; anfr. 7-8. — *Alt.* 2-2-$\frac{1}{2}$^{mill}. — *Diam.* 1-2.

HAB. et STAT. : Les sources, les ruisseaux. R.

Eysines, domaine de *Lafontaine* (MM. Fischer et Gassies);
la Tresne, près du moulin du Castera. (Act. Soc. Linn. t. 17.
p. 430.) Puton l'a observée dans les Vosges à 12,00 mètres
d'élévation.

2. BYTHINIA FERUSSINA , *B. Férussine.* Des Moulins.

Moq. 1. pl. 38. f. 20 à 28.

Palud. Ferussina. Des M. Cat. n° 5. pl. 1. f. 1. à 4. — Lam. éd. Desh. 14. — (*Hydrobia*) Dup. pl. 18. f. 5.

T. minimâ, cylindrico-turritâ, tenui, pellucidâ, subtilissimè striatâ; anfr. 5. — Alt. 3-4^{mil}. — Diam. 2.

HAB. et STAT. : les eaux pures ; sur les lentilles d'eau , les *chara* ; sur la *fontinalis anti-pyretica* (M. Des Moulins). Saint-Médard-d'Eyran ; Saint-Morillon (*Ipse*) , etc.

3. BYTHINIA BICARINATA , *B. bicarénée.* Des Moulins.

> Moq. 5. pl. 38. f. 30 à 42.
>
> *Palud. bicarinata.* Des M. in Act. Soc. L. 1827. pl. 1. f. gr. nat. et grossie.
>
> *Palud. tricarinata.* Pot. Mich. Galer. de Douai. pl. 26. f. 21-22.
>
> (*Hydrobia*). — Dup. 18. pl. 28. f. 12.

T. minimâ, conico-elongatâ, turritâ, scalariformi, apice obtusâ; anfr. 4-5. carinat., ultimo tricarinato. — Alt. 2-2-1/2^{mill}. — Diam. 1-1-1/2.

HAB. et STAT. : La rivière de l'Isle , à Saint-Médard-de-Guiziers, sur les pierres *(Ipse)*. M. Des Moulins l'a découverte le premier dans la petite rivière de Couze , près Bergerac (Dordogne).

4. BYTHINIA BREVIS , *B. courte.* Mich.

> Moq. 8. pl. 39. f. 6 à 10.
>
> *Paludina brevis.* Mich. 8.
>
> *Cyclost. breve.* Drap. n° 10. pl. 13. f. 2-3.
>
> (*Hydrobia*) Dup. 7. pl. 28. f. 1.

T. minimâ, ovoïdeâ, sub-elong. ventricos. imperforat. subtilissimè striatâ, tenui, subdiaphanâ; anfr. 3-4. — Alt. 1-1/2 à 2^{mill}. — Diam. 1/2-3/4.

HAB. et STAT. : Les sources, le bord des fontaines champêtres ; le Pont de la Maye, sur les pierres inondées, avec les *Byth. abbreviata* et *Ferussina* (MM. Fischer et Souverbie, Act. Soc. Linn. t. 18. p. 494).

5. Bythinia viridis, *B. verte*. Lam.

Moq. 9. pl. 39. f. 11 à 17.

Cycl. viride. Drap. pl. 1. f. 26-27.

Paludina viridis. Lam. 7. — Des M. 4.

(Hydrobia) Dup. 2. pl. 27. f. 10.

T. minutá, subovoïdeo-ventric., imperfor., sublœvigatá, tenui, subdiaphaná, virescente; anfr. 3-4. — Alt. 3-3-'/₂^{mill}. — Diam. 1-'/₂-2-'/₂.

Var. *a. nigricans.* — Moq. δ. *Pal. viridis.* var. *nigerrima.* Des. M.

b. Moulinsii. — *Hydrobia Moulinsii.* Dup. n° 3. pl. 27.

Hab. et Stat. : Les sources, les filets d'eau; Seige. (M. Des Moulins). R. — La var. *a.* les ruisseaux, à Gradignan. (Des M.)

*** Fausses** ou **des eaux saumâtres.***

6. Bythinia muriatica, *B. saumâtre*. Lam.

Desh. Dict. n° 8.

Paludina muriatica. Lam. 6. Des M. 6.

Palud. anatina. Mich. n° 15.

Cyclost. anatinum. Drap. 8. pl. 1. f. 24-25.

T. oblongo-elongatá, conicá, subtilissimè striatá, rimatá; viridi-fuscá; anfr. 6. — Alt. 2-5^{mill}. — Diam. 1-2-'/₂.

Hab. et Stat. : Les marais salans, les prés salés du département; la Teste, Arcachon, Royan, le Verdon. CC.

7. Bythinia acuta, *B. aiguë*. Drap.

Paludina acuta. Lam. éd. Desh. n° 21. — Desh. 7.

Cyclost. acutum. Drap. 15. pl. 1. f. 23.

Palud. stagnorum. Turton.

T. minimá, ovato-oblongá, subconicá, lœvi, pellucidá, virescente; anfr. 6-7. — Alt. 4-5^{mill}. — Diam. 2.

Hab. et Stat. : Marais salans de la Gironde. C. Le Verdon, sur les conferves desséchées (M. Des Moulins). — Juin-Juillet.

8. BYTHINIA SIMILIS , *P. semblable.* Drap.

Cyclost. simile. Drap pl. 1. f. 15.
Paludina similis. Mich. n° 1. — Des M. n° 3.
Palud. ventricosa? Dup. 2. pl. 27. f. 8.
(Bythinia) Moq. 10. pl. 39. f. 18-19.
(Hydrobia) Dup. 1. pl. 27. f. 9.

T. ovoïdeo-ventricosâ, perforatâ, solidâ, lœviusculâ, subpellucidâ, corneo-virente, anfr. 4-5. — Alt. 4-7mill. — Diam. 3-1/2-4.

HAB. et STAT. : Les eaux stagnantes; environs de Royan (M. Des Moulins); Seige (M. Des M.); Trompeloup, Médoc, parmi les *Lemna* et les *Conferva* (M. Des M.).

XXIᵉ Genre. — VALVATA, *VALVÉE.*

ANIMAL : spiral; tête sub-proboscidiforme; pied court, bilobé; branchies pectinées en plumet; deux tentacules grêles, cylindriques, oculés à la base antérieure.

COQUILLE : subglobuleuse, discoïde ou conoïde, turriculée, à sommet mamelonné; ouverture ronde; opercule corné.

Les Valvées habitent les eaux douces stagnantes, avec les Planorbes, les Paludines, et se nourrissent de plantes aquatiques.

Espèces.

Coquille subglobuleuse.

1. VALVATA PISCINALIS , *V. piscinale.* Fér.

Fér. Syst. Conch. n° 2. — Lam. 1. — Des M. 1. — Dup. n° 1. pl. 28. f. 13. — Moq. 1. pl. 41. f. 1 à 25.
Cyclostoma obtusum. Drap. n° 3.

T. turbinatâ, subconicâ, profundè umbilicatâ, apice obtusâ, subpellucidâ; anfr. 4-5. — Alt. 6-8mill. — Diam 3-6.

Var. *a. subscalaris.*

10

Hab. et Stat. : Les eaux stagnantes des fossés de la Gironde ; allées de Boutaut, parmi les *myriophilles*, les *potamogetons*, les *charagnes*, les *conferves*, les *vaucheries*, etc. ; le Médoc. CC.

La var. subscalaire est très-rare.

2. Valvata minuta , *V. menue.* Dr.

Drap. 2. pl. 1. f. 36-38. — Moq. 2. pl. 44. f. 26 à 28. — Dup. nº 2. pl. 28. f. 14.

Gassies et Fischer, Act. Soc. Lin. 2ᵉ Suppl. nº 19.

T. globulosâ, sublœvigatâ, tenui, subnitidâ, diaphanâ, lutescente; anfr. 3-4. — All. 1-1-1/2ᵐⁱˡˡ. — Diam. 2-2-1/2.

Hab. et Stat. : Mêmes localités que la précédente : assez rare. — Le pont de la Maye (M. Gassies). — Pessac (*Ipse*).

' ' *Coquille planorbique.*

3. Valvata planorbis , *V. planorbe.* Dr.

Drap. 2. pl. 1. f. 34-35. — Des M. 2. — Moq. 4. pl. 44. f. 32 à 42.

Valv. cristata. — Mull. 384.

T. discoïdeâ, depressâ, planorbicâ, profundè umbilicatâ, striatâ, tenui, subpellucidâ, corneo-fulvâ ; anfr. 3-4. — All. 1-2ᵐⁱˡˡ. — Diam. 3-5.

Var. *a. spirorbis.* — Moq. 3. pl. 44. f. 37.

Valv. spirorbis. — Drap. pl. 1. f. 32-33.

Hab. et Stat. : Mêmes stations que les précédentes. Allées de Boutaut, Rivière, Pessac. CC. — La variété *spirorbe* est rare.

7ᵉ Famille. — NÉRITACÉS. Lam.

Néritacés fluviatiles.

Animal : court, spiral ; pied ovale ; deux mâchoires ; deux tentacules contractiles, oculés à leur base externe ; branchies intérieures respirant l'eau.

COQUILLE : spirale, semi-globuleuse, aplatie en dessous ;. operculée ; opercule s'articulant au segment columellaire.

Cette famille, qui termine la série des mollusques gastéropodes testacés, n'a, dans la Gironde, que le genre *Neritina*.

XXIIe Genre. — NERITINA , *NÉRITINE*. Lam.

ANIMAL : fluviatile, subglobuleux, spiral ; pied ovale, triangulaire ; deux tentacules filiformes ; yeux subpédonculés ; branchies lamelliformes.

COQUILLE : dextre, semi-globuleuse, aplatie, non ombiliquée ; spire courte, obtuse ; ouverture semi-lunaire ; opercule ayant une apophysé latérale.

Les Néritines sont phytiphages. Elles habitent les rivières, les ruisseaux, les bassins, les étangs ; adhèrent aux rochers submergés, sur les pierres, sur les fragments de bois, etc.

Espèces.

1. NERITINA FLUVIATILIS, *N. fluviatile*. Lam.

    (*Nerita*). Mull. 381. — Lam. 19. — Des M. 1. — Desh. Dict. 25. — Drap. pl. 1. f. 1-4.

    Nerita fluviatilis. Moq. 1. pl. 42. — Dup. 1. pl. 29. f. 1.

    T. parvulâ, ovali, suprâ convexâ, infrâ planâ, virescente; maculis, lineolisque diversissimè tessellatâ; spirâ brevissimâ; anfr. 2-½. — Alt. 5-8^{mill}. — Diam. 6-12.

    Var. *a. concolor : subfusca ; virescens ; nigricans ; purpurea.*

        b. depicta : lineolata ; zig-zag ; maculata.

        c. minor : Ner. bœtica. fid. Cl. Moq. — Guérin. Ic. pl. 14. f. 8.

Hab. et Stat. : Les fleuves , les rivières, les grands ruisseaux, les étangs, les canaux, les viviers ; le Médoc et les
diverses régions du département. CC.

La variété c. Ner. bœtica, est de petite taille, très-ventrue,
d'une couleur brune-noirâtre. On la trouve dans le ruisseau
du pont de la Maye, à Bègles.

CONCHYFÈRES FLUVIATILES.

CLASSE 2e. — ACÉPHALÉS.

Ordre 5e. — LAMELLIBRANCHES DIMYAIRES. Blainv.

(*Bivalves*).

8e Famille. — NAYADES. Lam.

ANIMAL : corps subtétragone, comprimé ; manteau bilobé
ouvert inférieurement ; pied très-grand , large ; quatre branchies lamelliformes, tapissées d'un réseau vasculaire très-fin
et délicat.

COQUILLE : bivalve, grande, épidermée, équivalve, inéquilatérale; charnière dentée ou sans dents ; ligament externe ;
deux grandes impressions musculaires.

Les nayades sont phytiphages et zoophages et se dévorent
entr'elles ; elles habitent les rivières, les fleuves, les nasses,
les bassins, les viviers, les étangs et se tiennent le plus souvent dans la vase.

Cette famille est composée de deux genres : *Anodonte* et
Mulette.

XXIIIe Genre. — ANODONTA, *ANODONTE*.

ANIMAL : ovale-oblong, sans byssus; manteau à bords fran-
gés; pied très-grand, subquadrangulaire; branchies longues,
ayant des appendices dentelés.

COQUILLE : régulière, équivalve, transverse, inéquilatérale,
ovalaire, allongée, mince, fragile, nacrée à l'intérieur;

charnière linéaire, sans dent; ligament externe; deux impressions musculaires subgéminées.

Les Anodontes sont hermaphrodites, vivipares. Elles habitent les fleuves, les rivières du département, les étangs du littoral, les bassins, les viviers et s'enfoncent dans la vase.

Espèces.

1. ANODONTA CYGNEA , *A. des cygnes.* L.

> (*Mytilus*) Lin. 218. — Mull. 394. — Lam. 1. — Des M. 1. — Drap. pl. 11. f. 6. — Rossm. 1. f. 63 et f. 342. — Dup. n° 1. pl. 15. f. 14. — Moq. 1. pl 43. f. 44.

T. maximâ, ovato-elong., ventricosâ, epidermatâ, umbonatâ, tenui, fragili, virente, zonatâ, intùs nitidissimè margaritifera. Long. 15-20°. — Alt. 8-12^{mill}.

> Var. *a.* Anod. *ventricosa.* C. Pfr. pl. 3. f. 1-6. — Dup. n° 2. pl. 16. f. 13. — Drouet. Nay. de France. n° 2.

HAB. et STAT. : Les étangs du littoral maritime de Cazeau, de Hourtin (Ch. Des M.); les nasses de la Gironde, en Médoc (Mahieu); de la Garonne, de l'Isle, de la Dordogne (*Ipse*), etc. C.

La var. *a.* en Médoc, Margaux, Lesparre.

2. ANODONTA CELLENSIS , *A. des étangs.* Schröter.

> C. Pfr. 1. pl. 6. f. 5. — Rossm. Icon. 4. f. 280. — Drouet. n° 3. pl. 2. — Dup. n° 3. — *A. cygnea.* var. δ. Moq. pl. 44. f. 11-12.

> *Anod. cygnea.* Drap. pl. 12. f. 1.

> *A. sulcata.*Lam. n° 3 ?

T. magnâ, ovato-oblongâ, elongatâ, ventricosulâ, tenui, fragilissimâ, tenuissimè sulcosulâ, extùs virescente, intùs albâ aut cœrulescente. — Long. 10-15°. — Alt. 5-8^{mill}.

Var. *a*. *Anod. intermedia*. Lam. 10. — Encycl. pl. 201. f. 3. (fid. cl. Moq.)

Hab. et Stat. : Littoral de la Gironde, Lesparre; les étangs de Cazeau, de Gastes, d'Aureillan. CC. (Gassies); les viviers de Beautiran (Gassies); les nasses de la Dordogne, Libourne (*Ipse*); celles de la Gironde, à Arcins, le vivier de M. Dupérier, à Larsan. (Cl. abb. Bounin.)

La var. *a*. dans les étangs du littoral (Chantelat).

3. Anodonta Rossmassleriana, *A. de Rossmassler* Dup.

Dup. n° 7. pl. 18. f. 14.

A. avonensis. Montag. Var. *γ Rossmassler*. Moq.

T. magnâ, ovato-elong., subventric., sulcat., tenui; margine inf. vix arcuato; ligam. elongato; colore fusco-virente; intùs albid, subcœrul. — Long. 10-12°. — All. 5-6.

Hab. et Stat. : La Garonne; les étangs littoraux (Chantelat), de Hourtin (*Ipse*).

4. Anodonta piscinalis, *A. piscinale*. Nilsson.

Moll. Suec. n° 3. — Drouet. n° 8. — Gassies. Moll. Agen. pl. 4. f. 1. — Rossm. Icon. 4. f. 281. — Dup. n° 11. pl. 21. f. 17-18. — Moq. 4. pl. 45. f. 5-6. pl. 46. f. 1-6.

A. variabilis. Drap. n° 2. p. 108. Tabl.

T. variabili, latè ovato-subrhombeâ, ventricosulâ, anticè subrostr. extùs luteo-viresc. intùs, albid. vel cœruleâ; natib. tumidis (cl. Drouet.) — *Long.* 80-110^{mill}. — *All.* 50-70^{mill}.

Hab et Stat. : La Gironde, Margaux (Mahieu); Blaye (MM. Cazenavette et Desmartis); la Garonne, Paillet (Larrouy); Cadillac (*Ipse*); la Garonnelle, Sainte-Croix-du-Mont (M. Gassies.)

5. **Anodonta anatina**, *A. des canards.* Lin.

(*Mytilus*) Lin. nº 219. — Lam. 2. — Des M. 2. — Dr.
pl. 12. f. 2. — Encycl. pl. 204. f. 2. — Rossm. Ic.
f. 119. 120. — Dup. nº 8. pl. 19. f. 13. — Moq. 2.
pl. 45. f. 1.

*T. planulatá, elliptico-ovatá, anticè rotundatá, posticè sub-
angulosá* vel *rostratá; tenui, fragilissimá; extùs luteo-vires-
cente, nitidá, intùs nitidissimè alb.-cæruleá. — Long. 60-80*mill.
*— Alt. 40-50*mill.

Var. *a. rostrata*. Moq. — Dupuy.

Hab. et Stat. : Littoral de la Gironde, Médoc, Lesparre,
Margaux, Beychevelle (Mahieu); les étangs de Cazeau (M. Des
Moulins), de Carcans (Chantelat); la Garonne, à Bassens
(*Ipse*); le ruisseau de l'Eau-blanche à Léognan (*Ipse*); s'en-
fonce dans la vase; varie de couleur selon les localités.

La var. *a.* se rapproche de l'espèce suivante.

6. **Anodonta Moulinsiana**, *A. de Des Moulins.* Dupuy.

Dup. nº 15. pl. 20 f. 19.

A. rostrata. Dup. Cat. extram. nº 27. — Des Moul. 2ᵉ
Suppl. Cat. in Act. Soc. Lin. p. 433. — Gassies in
Act. ejusd. Soc. t. 18. p. 494. nº 20.

*T. planulatá, ovato-elongatá, valdè rostratá; marginib. super.
et infer. sub-parallelis: colore fusco-rubente. — Long. 75-90*mil.
*— Alt. 40-45*mil.

Hab. et Stat. : Les étangs du littoral maritime; de Cazeau.
CC. (MM. Des Moulins et Gassies), de Hourtin (Chantelat).

7. **Anodonta Gratelupeana**, *A. de Grateloup.* Gassies.

Gass. Mollusques de l'Agenais. nº 4. pl. 2. 3. 4. f. 13.
15. — Gass. in Act. Soc. Lin. l. c. nº 22. p. 496. —
Dupuy. nº 16. pl. 17. f. 12.

Anod. complanata. Ziegler, in Rossm. Ic.

Var. β Moq. pl. 45. f. 3-4.

*T. planulatá, obovalá, tenuiter sulculosá, fragilissimá, anticè
rotundato-angustatá, posticè dilatatá; splendidè radiatá, viridi
smaragdiná, intùs albido-cœruleá.* — *Long.* 70-120mill. — *Alt.*
40-70mill.

HAB. et STAT. : Les nasses de la Garonne, à Saint-Macaire
(*Ipse*), à Paillet, à Rions (MM. Larrouy, Gassies), à Bassens
(Bobens). CC.

On trouve dans les nasses et les fossés de Bassens, Montferrand, alimentés par les eaux de la Garonne, une petite
Anodonte extrêmement mince, très-fragile, aplatie, ovale-
allongée, d'un beau vert d'éméraude! Ne serait-ce pas l'*An.
minima*? Millet in Mém. Soc. d'Agr. d'Angers, t. 1. pl. 12.
f. 2. — Dup. pl. 20. f. 20. Sa longueur est de 35 à 45 mill.
Sa hauteur de 25 à 30.

XXIVᵉ Genre. — UNIO, *MULETTE*.

ANIMAL : ressemblant assez à celui des Anodontes ; les branchies plus saillantes et plus frangées, réunies en grillage.

COQUILLE : épaisse, transverse, ovalaire, équivalve, inéquilatérale, rugueuse à l'extérieur, lisse, blanche et nacrée à
l'intérieur ; charnière dentée ; deux dents à chaque valve,
l'une cardinale, courte, crénelée, l'autre latérale, allongée.

Les Mulettes vivent, comme les Anodontes, dans les fleuves,
les rivières, les nasses, les viviers, les étangs du département.

Espèces.

Noirâtres.

1. UNIO SINUATUS, *M. sinueuse*. Lam.

Lam. 1. — Drouët. 2. — Des M. 1. — Moq. 2. pl. 48.
f. 1-3. — Dup. n° 1. pl. 23. f. 7.

Un. crassissimus. Fér. pl. 1. f. 1-4.

Un. margaritifera. Drap. pl. 10. f. 8-16.

T. maximâ, crassissimâ, ponderosâ, ovato-oblongâ, elongatâ, subreniformi vel medio sinuatâ, extùs rugosâ, exfoliatâ, nigrescente, intùs albâ, nitidissimè margaritaceâ. — Long. 14-15ᶜ. — Alt. 6-7ᵐⁱˡˡ— Diam. ³/₈.

Var. *a. elongata, crassissima.* Lam.

    b. arcuata. Gassies.

    c. Garumnalis. Grat.

Hab. et Stat. : Appartient au S.-O. de la France; habite les nasses de la Gironde, de la Dordogne, de la Garonne, Paillet, Cadillac, Rions, Caudrot, Saint-Macaire; CC. le Médoc (Mahieu).

La variété *c.* est de la moitié moins grande, luisante, noire à l'extérieur; commune à Rions.

2. Unio littoralis, *M. littorale.* Lam.

    Lam. 25. — Des M. 3. — Drap. 3. pl. 10. f. 20. — Moq. 3. pl. 48. f. 4 à 9 et pl. 49. f. 1 2. — Dup. 2. pl. 23. f. 8 et pl. 24. f. 5. 6. 8.

T. latè ovatâ, subtetragonâ, subcompressâ, crassâ, extùs fusco-nigrâ, transversim sulculosâ, intùs nitidissimè margaritaceâ; natib. rugosis. — Long. 60-80ᵐⁱˡ. — Alt. 35-50ᵐⁱˡˡ. — Diam. 18-30.

Var. *a. normalis.* Moq. — Rossm. 12. f. 340.

    b. subtetragona. Mich. pl. 16. f. 23. — Dup. pl. 24.

    c. rhomboïdea. Schrœter. Fluss.-Conch. pl. 2. f. 3.

    d. elongatus. Dup. Cat. — Rossm. f. 752.

Hab. et Stat. : La Garonne, la Dordogne, la Gironde, l'Isle, la Leyre, les étangs du littoral, etc.; Margaux, Bassens. CC. Blaye; Saint-Macaire, etc.

3. Unio batavus, *M. batave.* Lin.

    Lam. 33. — Desh. Dict. 15. — Mich. 5. — Dup. 9. pl. 25. f. 14. — C. Pfr. pl. 5. f. 14. — Moq. 6. pl. 49. f. 7-8.

Un. pictorum. β Drap pl. 11. f. 3.

T. ovatâ, tumidâ, crassiusculâ, radiatâ vel zonatâ, anticè obliquè curvâ, extùs subfuscâ, intùs albâ, sub-cyaneâ. — Long. 40-45mill. — Alt. 25-30.

Var. *a. nanus*. Moq. — *Un. nana*. Lam.

b. *amnicus*. Zgl. — Rossm. 3. f. 212.

HAB. et STAT. : La Garonne, la Dordogne, Sainte-Terre (Jourdain); les bords de la Gironde (Mahieu); les étangs du littoral (Chantelat).

M. Moquin regarde l'*Unio Moulinsianus*. Dup., comme une variété de l'*Un. bavatus*.

4. UNIO MOQUINIANUS, *M. de Moquin.* Dup.

Dup. n° 15. pl. 26. f. 18. — Moq. 7. pl. 50. f. 1-2.

T. ovato-oblongâ, inflatâ, fusco-nigr. aut olivaceâ; anticè subrotundâ, posticè subtruncatâ; cardin. minim. conic. — Long. 50-70mill. — Alt. 25-35mill. — Diam. 18-25.

HAB. et STAT. : La Leyre, à Lamothe. R. Les étangs du littoral (Chantelat).

5. UNIO MOULINSIANUS, *M. de Des Moulins.* Dup.

Dup. n° 11. pl. 24. f. 10.

Unio batavus. Var. × Moq.

T. ovatâ, inflatâ, crassiusculâ, sulculosâ, subfuscâ, radiatâ, intùs albidâ, subcyanoïdeâ; cardin. crass. conic. — Long. 60, 65mill. — Alt. 35-40mill. — Diam. 20-30.

HAB. et STAT. : La Leyre. R. (Chantelat); la Garonne, à la Réole (*Ipse.*)

** *Verdâtres.*

6. UNIO PICTORUM, *M. des peintres.* Drap.

Drap. 1. pl. 11. f. 1-4. — Lam. 32. — Des M. 1. — Dup. 17. pl. 26. f. 20. — Moq. 10. pl. 50. f. 8-10. et pl. 51. f. 1 à 10.

*T. ovato-suboblongâ, crassiusculâ, nitidâ, virente, anticè
rhombeo-attenuatâ, posticè obtusè-acutâ. intùs nitidè margari-
taccâ; natib. subverrucosis. — Long. 60-150*mill*. — All. 25-50.
— Diam. 20-60.*

Var. *a. ovalis.* Lam.

    b. rostrata. Lam. — Mich.

    c. stagnorum. An sp. nova?

    d. curvirostris. Moq.

Hab. et Stat. : Les rivières du département. CC. Les étangs
du littoral. C. Le Médoc.

La var. *a.* la Jalle (M. Cazenavette).

La var. *b.* la Garonne, Paillet, à l'île Monsarrat. CC. Caudrot, Saint-Macaire.

La var. *c.* la Leyre, étang de Cazeau (Chantellat).

La var. *d.* la Garonne, Rions, Paillet, Cadillac; la Garonnelle à Verdelais. C.

7. Unio Deshaysii, *M. de Deshayes.* Mich.

Mich. pl. 16. f. 26. — Des Moul. 1ᵉʳ et 2ᵉ Compl. du
Cat. in Act. Soc. Lin. t. 6. et t. 17.

Un. platyrinchoideus. Dup. 18. pl. 27. f. 16.

Un. pictorum. var. *limosus.* Moq.

*T. oblongo-elongatâ, subpenniformi, anticè tumidâ, posticè
subangulosâ; cardine angustissimo. — Long. 50-90*mill*. — All.
25-35*mill*. — Diam. 20-25.*

Hab. et Stat. : Les étangs du littoral maritime (M. Des
Moulins), de Lacanau, Carcans, Cazeau. CC. (Chantelat);
les ruisseaux des landes Girondines.

7. Unio Requienii, *M. de Requien.* Mich.

Mich. Compl. pl. 16. f. 24. — Dup. 20. pl. 27. f. 18.
— Moq 9. pl. 50. f. 5 à 7.

Un. pictorum, var. Drap. pl. 11. f. 1-2.

Affinis *Un. platyrinchoïdei.* Dup.

T. oblongá, tumidiusculá, subcuneatá, olivaceá, zonatá; cardine subrotund. denticulato. — *Long.* 25-90mill. — *Alt.* 25 à 40mill. — *Diam.* 15-30.

Var. *a. normalis.* Moq. — Rossm. 12. f. 198.
    b. radiata. Grat.
    c. minor. Grat.

HAB. et STAT. : La var. *a.* vit en abondance dans les nasses caillouteuses de la Garonne , Rions, Paillet, Saint-Macaire , l'île Monsarrat (*Ipse*).

La var. *b.* à Bassens , Montferrand (Bobens).

La var. *c.* dans les étangs du littoral (Chantelat).

Obs. M. Moquin regarde l'*Unio platyrinchoïdeus*, Dupuy, comme une variété de l'*Unio Requienii.*

L'Unio ater. Nilsson, a été indiquée comme vivant dans la Leyre, à Lamothe. Ne l'ayant pas vue, j'ai cru devoir m'abstenir. On assure qu'elle a été recueillie aussi dans la Dordogne, à Sainte-Terre. L'échantillon que je possède est, sans aucun doute, la vraie *U. ater;* mais j'hésite à croire qu'il provienne de cette localité.

Il en est de même de l'*Un. Michaudiana*, Des M., qui existe dans les bassins et les viviers de la Dordogne, et qui, dit-on, a été trouvée près de Sainte-Foy; ne l'ayant pas observée dans ce lieu, j'ai cru ne devoir point la citer.

9ᵉ Famille. — CYCLADÉENS.

CARDIACÉS, Cuv. — CONCHACÉS, Bl.

ANIMAL : renflé , léger, comprimé; manteau à trois ouvertures; deux espèces de syphons : l'un anal, l'autre respiratoire; pied linguiforme, sans byssus.

COQUILLE : épidermée, ovale ou suborbiculée; bombée, équivalve; charnière complète, dentée; ligament oblique.

Les Cycladéens habitent les eaux douces, les rivières, les étangs et vivent de végétaux aquatiques. Cette famille est composée de deux genres : *Cyclade, Pisidie.*

XXVe Genre. — CYCLAS, *CYCLADE.*

Animal : épais, ovoïde; manteau à bords simples denticulés; pied large, comprimé, ayant un appendice; branchies très-inégales.

Coquille : ovale ou suborbiculaire, équivalve, inéquilatérale, mince; dents cardinales très-petites ou nulles; dents latérales écartées, lamelleuses.

Les Cyclades vivent dans les lieux aquatiques. L'hiver, elles s'enfoncent dans la vase. Le printemps elles rampent sur les plantes fluviatiles.

1. Cyclas cornea, *C. cornée.* Lin.

> (*Tellina*) *cornea.* Lin. n° 57. — Lam. 2. — Dup. 2. pl. 29. f. 4. — Moq. 2 pl. 53. f. 17 à 20.

T. subglobosâ, tumidâ, subequilaterâ, tenui, subdiaphanâ, extùs lutescente-corneâ, intùs albid.-cyaneâ; dentib. minutissimis; long. 8-14^{mill}. *— Alt. 7-10. — Diam. 6-8.*

Var. *a. umbonata.* Gassies.
> *b. nucleus.* Stud. fid. cl. de Charp. — Moq. 5.

Hab. et Stat. : Les rivières, les ruisseaux, les fossés aquatiques du département, les viviers. C.; les étangs du littoral (Chantellat); les mares de la Gironde (Dr Mahieu); la variété *a.* les ruisseaux des landes; la variété *b.* les fossés du Libournais.

2. Cyclas rivicola. *C. rivicole.* Lam.

> Lam. 1. — Drap. pl. 10. f. 1 à 3. — Dup. n° 1. pl. 29. f. 5. — Moq. 1. 52. f. 47 à 50. et pl. 53. f. f. 1 à 16. Affinis *C. corneæ.*

T. subglobosâ, tumidulâ, solidulâ, eleganter striatâ, luteozonatâ, corneo-virescente, intùs cæruleâ; long. 20-25^{mill}. *— — Alt. 15-18- — Diam. 10-15.*

Var. *a. rugulosa.*

HAB. et STAT. : La Garonne et ses affluents, le Drot, la Dordogne ; les ruisseaux, les étangs, les fossés aquat. CC.

3. CYCLAS RIVALIS. *C. riveraine.* Drap.

> Drap. 2. pl. 10. f. 4-5. — Des M. 1. — Dup. nº 4. pl. 29. f. 5.
>
> *Cycl. cornea.* Var. *rivalis.* Moq. γ.

T. parvulâ, globulosâ, vel ovato-subtetragonâ, sub-equila-terâ, tenui, pellucidâ, subtilissimè striatâ; umbonib. prominu-lis; extùs corneo-nigrescente, intùs subcœruleâ; long. 10-12. — *All.* 8-10. — *Diam.* 6-10.

HAB. et STAT. — Les rivières, les ruisseaux, les mares, les étangs, CC.

4. CYCLAS LACUSTRIS. *C. lacustre.* Drap.

> Drap. nº 3. pl. 10. f. 6-7. — Lam. 3. C. Pfr. pl. 5. f. 6-7. — Dup. 7. pl. 29. f. 7. — Moq. 4. pl. 53. f. 34 à 39.

T. parvulâ, subrhomboideâ, subinæquilaterâ, tenui, fragili, diaphanâ, subtilissimè striatâ, corneâ; long. 8mill. — *All.* 6-7. — *Diam.* 4.

HAB. et STAT. : les marais, les étangs, les fossés aquati-ques vaseux du département. R.

5. CYCLAS CALICULATA, *C. caliculée.*

> Drap. 5 pl. 10. f. 13-14-15. — Lam. 6. — Des M. 3. — C. Pfr. pl. 5. f. 17-18. — Dup. 8. pl. 24. f. 8.

T. orbiculatâ, subrhomboïdeâ, depressâ, tenuissimâ, subti-lissimè striatulâ; umbonib. subprominulis vel tuberculosis; den-tibus parvulis; colore alb. lutesc. — *Long.* 8-10mill. — *All.* 5-8. — *Diam.* 3-5.

HAB. et STAT. : Les fossés aquat., les marais, les étangs. Seige (MM. Durieu et Des Moulins.) Le littoral du Médoc (Mahieu).

XXVIe Genre. — PISIDIUM, *PISIDIE*. C. Pfeiff.

ANIMAL : renflé, ressemblant à celui des Cyclades, finement denticulé ; branchies striées ; syphon resp. saillant ; syphon anal, nul ou peu développé.

COQUILLE : subovoïde, arrondie, inéquilatérale, charnière dentée ; deux dents cardinales à la valve gauche, une à la valve droite.

Les Pisidies sont généralement d'un petit volume : elles habitent avec les Cyclades, dans les bassins, les sources, les fossés, les étangs ; adhèrent aux plantes aquatiques et se nourrissent de matière verte ou de végétaux décomposés.

Le Dr Baudon a observé qu'elles aiment les substances animales en putréfaction.

Les espèces de ce genre sont assez nombreuses dans la Gironde. M. Gassies ayant donné dans le tom. 20e des Actes de la Soc. Lin. de Bordeaux, une bonne description de celles qui vivent dans la région du sud-ouest de la France, je les citerai soigneusement, en suivant la classification de MM. l'abbé Dupuy et Moquin-Tandon, qui m'a paru la plus naturelle.

Espèces.

Inéquilatérales.

1. PISIDIUM AMNICUM. *P. fluviale.* Jenyns.

> Jen. Monogr. n° 6. pl. 19. f. 2. — Dup. n° 1. pl. 30. f. 1. — Moq. 2. pl. 52. f. 41-15. — Gass. Descr. Pisid. n° 1. pl. 1. f. 1. *Pisid. obliq.* c. Pfr. pl. 1. f. 19.
> *Cyclas obliqua*, Lam. 4.
> *Cyclas palustris*, Dr. 3. pl. 10. f. 15-16.

T. subovato-trigonâ ; inæquilaterali, valdè eleganter striatâ ; umbonib. obtusis ; dentib. cardin. subelevatis ; dentib. later. bifidis ; colore extùs lutesc, intùs subcæruleâ. — Long. 10-12^{mill.} — Alt. 8-9. — Diam. 4-7.

Var. *a. intermedium*. Moq. ζ.— *Pisid. intermedium*. Gass.
l. c. n° 2. pl. I. f. 4.

b. sulcatum, Gassies. pl. 1. f. 3.

Hab. et Stat. : Les nasses de la Garonne, de la Dordogne,
de la Gironde, C., les jalles; la var. *b.* les ruisseaux des
landes. (M. Gassies).

2. Pisidium cazertanum, *P. de Cazerte*. Poli.

(*Cardium*); Poli, Test. Sic. pl. 16. f. 1. — Moq. n° 3.
pl. 52. f. 16 à 32. — Gass. Descr. n° 3. pl. 1. f. 5.

Pis. cinereum. Alder. — Gray. Man. pl. 12. f. 152. —
Gass. l. c. n° 4. pl. 1. f. 8.

*T. ovato-subrot. ventricosulâ, subtilissimè striatulâ, tenui,
nitidâ, subdiaphanâ, cinereo-fulvâ; dentib. card. minutiss.;
dent. lateralib. subtrig; long. 4-6^{mill}. — Alt. 3-4. — Diam. 2-3.*

Var. *a. lenticulare*, Dup. pl. 30. f. 2.

Hab. et Stat. : Les ruisseaux, les fossés, les marais du
département; Libourne, Saint-Émilion. (M. Gassies), Saint-
Médard-de-Guiziers (Jourd.), Paillet, R. La Bastide (M. Fischer), Mérignac, etc.

3. Pisidium Gassiesianum, *P. de Gassies*. Dup.

Dup. n° 6. pl. 30. f. 7. — Gass. Descr. n° 12. pl. 2.
f. 9.

Pis. Cazertanum, var. η. Moq. pl. 52. f. 31.

*T. minutâ, subglob. vel subtrigonâ, elongatulâ, nitidâ, tenui-
ter striatâ; dentib. card. minutiss.; dent. later. sublamell.; long.
3-4^{mill}. — Alt. 2-3. — Diam. 1-$\frac{1}{2}$-2.*

Var. *a. limosum*. Gass. (fid. cl. Moq.)

Hab. et Stat. : Les rivières, les ruisseaux du département,
les Jalles de Blanquefort, au Taillan; du Thil, près Léognan. (MM. Gass. et Fischer) CC. Cestas, Pessac. (*Ipse.*)

4. PISIDIUM HENSLOWIANUM , *P. de Henslow*. Jen.

> Jen. Monogr. n° 5. pl. 21. f. 6-9. — Moq. n° 1. pl. 52.
> 1 à 10. — Dup. n° 8. pl. 31. f. 2. – Gass. l. c.
> n° 9. pl. 2. f. 3-4.

T. ovato-subtrigonâ, ventricosâ, nitidâ, subopacâ, lutesc.-rufâ; dentib. card. minutiss., crenato-bifid.; dent. later. majorib. crass. subtriangul. — Long. 3-4^{mill}. — Alt. 2-3 — Diam. 2-2-1/2.

Var. *a. pallidum*. Moq. γ — *Pis. pallidum*, Gass. l. c. pl. 1. f. 10.

HAB. et STAT. : Les fleuves, les rivières du département; la Garonne, à Paillet, Rions, Langon (M. Gassies); la Garonnelle, près Sainte-Croix-du-Mont, Verdelais. Les marais des environs de Bordeaux (M. Jaudouin).

5. PISIDIUM PULCHELLUM. *P. mignonne*. Jen.

> Jen. Mon. n° 4. pl. 21. f. 1-5. — Dup. n° 9. pl. 30. f.
> 5. — Gass. l. c. n° 5. pl. 1. f. 9.
>
> *Pisid. Cazertanum*, var. δ. *pulchel.* — Moq. pl. 52. f.
> 24 à 28.

T. parvulâ, ovato-subconoïdeâ, valdè obliquâ, nitidulâ, tenuissimè striatâ; albido-lutescente; dentib. card. minutissimis: dent. later. elevat.; 4-5^{mill}. — Alt. 3-4. — Diam. 2-3.

HAB. et STAT. : les environs de Bordeaux, dans les fossés aquat., les marais, allées de Boutaut, Pessac, etc. CC.

·· Subéquilatérales.

6. PISIDIUM OBTUSALE , *P. obtuse*. C. Pfeiff.

> C. Pfeiff. 2. pl. 5. f. 21-22. — Dup. n° 10. pl. 31. f. 4.
> — Moq. n° 6. pl. 52. f. 43 à 46. — Gass. n° 10. pl.
> 2. f. 7.

Cyclas obtusalis. Lam. 4.

11

T. globulosâ, sublrigonâ, ventricosissimâ, vix equilater. nitid. subdiaph. tenuissimè striatulâ; lutescente-ochraceâ vel rubente; dentib. card. minutiss.; dentib. later-subtrig. obtus.; long. 2-3ᵐⁱˡˡ. — Alt. 2-4. — Diam. 2-3.

HAB. et STAT. : Les étangs, les marais, les fossés vaseux argilo-calc. du département ; Libourne, Caudrot, Verdelais, Sainte-Croix-du-Mont, Paillet, Ile-Marguerite. C.

7. PISIDIUM FONTINALE , *P. des fontaines.* C. Pfr.

C. Pfeiff. l. c. 3. pl. 5. f. 15-16. — Dup. nº 11. pl. 31. f. 3.

Pisid. pusillum , Moq. nº 5. pl. 52. f. 38 à 42. Gass. nº 14. pl. 2. f. 11.

Cyclas fontinalis, Dr. 2. — Lam.

T. sub-ovatâ, seu orbiculari, vix ventricosâ, tenuiter striatulâ, nitidulâ, subdiaph. pallidè luteâ; dentib. card. parvulis; dentib. lateralib. tenuissim. triangular.; long. 2-4ᵐⁱˡˡ. — Alt. 2-3. — Diam. 1-2.

HAB. et STAT. : Les viviers, les sources; la jalle de Mérignac, les landes du Teich. (MM. Souverbie et Fischer); Grignols (*Ipse*).

8. PISIDIUM NITIDUM , *P. brillante.* Jen.

Jen. l. c. nº 3. pl. 20. f. 7-8. — Dup. nº 12. pl. 31. f. 5. — Gass. l. c. nº 13. pl. 2. f. 10. — Moq. nº 4. pl. 52. f. 33 à 37.

Cyclas nitida. Hanley. Suppl. pl. 14. f. 46.

T. orbiculari-subovatâ, ventricosâ, vix striatulâ, nitidulâ, tenuissimâ, subdiaphanâ, pallidè-flavâ; dentib. card. minutiss.; dentib. later. tenuissim. obtusis; long. 2-1/2-3-1/2ᵐⁱˡˡ. — Alt. 2-3. — Diam. 1-1/2-2-1/2.

HAB. et STAT. : Les mares, les étangs, les fossés, les ruisseaux, les fontaines du département : Gensac, Camblanes, Bègles, Caudrot, la Réole, etc.

Nota. — La *Pisidie* de *Jaudouin.* Gassies (Descr. n° 8. pl. 2.
f. 3.), est selon M. Moquin-Tandon, une variété de la *Pisidie de
Henslow.* J'ignore si elle a été trouvée dans la Gironde; M. Gassies la cite dans la Garonne, à Agen.

La *Pisidie limoneuse*, de cet auteur (Mollusq. de l'Agenais, pl.
2, f. 10), est selon lui une variation de localité, de la *Pisid. Cazertanum;* elle a été observée à Blanquefort, dans une source
d'eau vive par M. Fischer (Act. Soc. Lin. t. 17. p. 426.).

On m'assure qu'on a recueilli aux environs de Bazas la *Pisid.
globuleuse.* Gass. Je ne puis en rien dire, ne l'ayant pas vue.

FIN.

ÉNUMÉRATION DES MOLLUSQUES TERRESTRES ET FLUVIATILES FOSSILES DU BASSIN DE LA GIRONDE.

HÉLICÉENS.

1. HELIX NEMORALIS. Drap. — Grat. foss. pl. 4. f. 1 . . . . Calc. lac. Saucats. R.
2. — HORTENSIS. Drap. — Grat. f. 2 . . . . — C.
3. — VARIABILIS. Drap. — Grat. f. 6 . . . . — R.
4. — ERICETORUM. Drap. — Grat . . . . Faluns mioc. Mérignac.
5. BULIMUS BURDIGALENSIS. Defr . . . . Calc. lac. Saucats, Martillac. C.
6. — LÆVIGATUS. Desh. foss. par . . . . — — R.

CYCLOSTOMIENS.

7. CYCLOSTOMA LEMANI. Bast. n° 1. pl. 4. f. 9 . . . . Calc. lac. Saucats, Martillac. C.

LIMNÉENS.

8. LIMNEA PALUSTRIS. var. Bast. — Al. Br. p. 22. f. 15 . . . . Saucats. C.
9. — COSTARIA. Des Moul . . . . Béchevelle. Diluv. C.
10. — LONGISCATA. Al. Brong . . . . Ambarès. — Saucats. CC.
11. — PEREGRA. — . . . . — Saucats. C.
12. PLANORBIS CORNEUS. Dr. — Brard. An. Mus. pl. 27. f. 19-20 . . . . Saucats. C.
13. — ROTUNDATUS. Al. Br. pl. 22. f. 4 . . . . — C.
14. — PLANULATUS ? Desh. foss. par. pl. 10. f. 8-10 . . . . — C.
15. — CORNU. Al. Br. 4. c. pl. 22. f. 6. — Gr. pl. 4. f. 30 . . . . Ambarès.
16. — LENS. Al. Br. pl. 22. f. 8 . . . . —

PALUDINÉENS.

17. PALUDINA PUSILLA. Desh. 15. pl. 16. f. 3-4 . . . . Fal. mioc. Martillac. C.
18. — ABBREVIATA. Gr. pl. 4. f. 44-45 . . . . — C.

NÉRITÉENS.

19. NERITINA FLUVIATILIS. L. — Grat. 7. f. 1-3 . . . . Fal. mioc. Mérignac. C.
20. — PICTA. Fér. pl. 4. f. 4-7. — Grat. pl. 7. f. 13-17 . . . . Mérignac, Léognan, Martillac. C.
21. — CONCAVA. Fér. pl. 4. f. 9. — Grat. pl. 7. f. 18-20 . . . . — CC.
22. — VIRGINEA. Lam. — Grat. pl. 7. f. 25-26 . . . . Bazas. CC.

ACÉPHALÉS.

23. CYRENA BRONGNIARTI. Bast. 4 . . . . Saucats, Léognan, Mérignac. C.
24. — SOWERBII. Bast. 2. pl. 6. f. 6 . . . . Saucats. R.

RÉSUMÉ NUMÉRIQUE

DES MOLLUSQUES TERRESTRES ET FLUVIATILES VIVANTS,
ET FOSSILES DE LA GIRONDE,

DISPOSÉS PAR ORDRES, FAMILLES, GENRES ET ESPÈCES.

Familles.	Genres.	Esp. viv.	Esp. dout.	Esp. fossil.
1. LIMACIENS. . . .	1. Arion	3	»	»
	2. Limax	8	2	»
	3. Testacella. .	2	»	»
2. HÉLICÉENS . . .	4. Vitrina . . .	5	»	»
	5. Succinea . .	3	»	»
	6. Zonites. . .	10	»	»
	7. Helix	39	4	1
	8. Bulimus. . .	9	1	2
	9. Pupa.	10	1	»
	10. Clausilia. . .	6	»	»
	11. Vertigo . . .	5	»	»
3. AURICULÉENS. .	12. Carychium .	3	1	»
4. CYCLOSTOMIENS.	13. Cyclostoma.	2	»	1
	14. Acme	2	1	»
5. LIMNÉENS	15. Physa	3	»	»
	16. Limnea. . .	9	»	4
	17. Planorbis . .	11	»	5
	18. Ancylus. . .	2	»	»
6. PALUDINÉENS. .	19. Paludina. . .	3	»	2
	20. Bythinia. . .	8	»	»
	21. Valvata . . .	3	»	»
7. NÉRITÉENS . . .	22. Neritina. . .	1	»	1
8. NAYADES.	23. Unio.	8	»	»
	24. Anodonta. .	7	»	»
	25. Cyrena . . .	»	»	2
9. CYCLADÉENS. . .	26. Cyclas. . . .	5	»	»
	27. Pisidium . .	8	»	»

TOTAL : 9 famill. | 27 genres. | 175 esp. v. | 10 esp. d. | 24 esp. f.

DISTRIBUTION GÉO-OROGRAPHIQUE,

Par ordre alphabétique,

DES

MOLLUSQUES TERRESTRES ET FLUVIATILES VIVANTS,

DÉCRITS DANS LA FAUNE GIRONDINE.

SIGNES CONVENTIONNELS ET ABBRÉVIATIONS :

Nota. — Les étoiles désignent les espèces régionnaires.

Obs. — Les régions orographiques et géologiques sont indiquées en lettres capitales, ainsi qu'il suit :

B. — RÉGION CENTRALE DE LA GIRONDE (*Faunule Burdigaline*) : terrain alluvionnel et terrain miocénique.

L. — RÉGION DES LANDES ARÉNACÉES, GIRONDINES (*Faunule Landaise*) : sables siliceux, terrain pliocène.

M. — RÉGION LITTORALE OCÉANIENNE (*Faunule Maritime*) : sables siliceux, dunes.

D. — RÉGION DILUVIO-ALLUVIONNELLE DU MÉDOC (*Faunule Médoquine*) : diluvium-caillouteux, sables, argiles alluvionnels.

R. — RÉGION MONTUEUSE DE LA GIRONDE (*Faunule Rupestre*) : calcaire compacte miocénien et éocénien.

D^r DE GRATELOUP.

Bordeaux, le 1er Mars 1859.

NOTICE BIBLIOGRAPHIQUE

SUR LA CLIMATOLOGIE, LA CHOROGRAPHIE, L'OROGRAPHIE, LA
TOPOGRAPHIE, L'HYPSOMÉTRIE, L'HYDROGRAPHIE, LA GÉO-
LOGIE, LA MALACOLOGIE, L'AGRICULTURE ET LA BOTANIQUE
DU DÉPARTEMENT DE LA GIRONDE, etc.,

Par ordre de matières.

Le but que je me suis proposé dans cette Notice, c'est
d'indiquer, de faire apprécier les ouvrages les plus importants
publiés sur le département de la Gironde. Il est, en effet,
peu de départements, en France, qui puissent offrir un esuite
de livres, de mémoires, de travaux, aussi riches, aussi
variés, qui intéressent, à un haut degré, les sciences physiques et naturelles et la statistique du pays.

Afin d'en faciliter la recherche, je les ai disposés par
ordre de matières.

Les géologues, les naturalistes, et surtout les malacolo-
gistes, y puiseront de nombreux et précieux documents sus-
ceptibles d'approfondir les études des Mollusques du département, en s'éclairant des autres parties des sciences agricoles
et naturelles qui leur sont afférentes.

CLIMATOLOGIE, MÉTÉOROLOGIE DE LA GIRONDE.

LATERRADE. — *Observations météorologiques et agricoles.* (Ami
des Champs, depuis 1820 jusqu'à 1859.)

ABRIA. — *Tableau météorologique mensuel de la Gironde, depuis
1829 jusqu'à* 1859. (Acad. Sc. Bord.)

ABRIA. — *Résumé des observations météorologiques faites à la Faculté des Sciences de Bordeaux.*

SAISONS.	TEMPÉRATURES MOYENNES.	TENSION de la VAPEUR D'EAU.	ÉTAT HYGROMÉTRIQUE.	PLUIE.
Hiver.......	6°, 20	6mm. 48	78	199mm. 4
Printemps....	12 , 35	7, 03	60	188, 2
Été.......	20 , 48	12, 17	57	194, 6
Automne.....	13 , 32	9, 82	71	249, 4
Année......	13°, 02	8mm, 96	67	831mm, 6

Hauteur moyenne du baromètre ramené à 0° et au niveau de la mer. 762mm, 82

MARTINS. — *Météorologie et climatologie girondine ou du Sud-Ouest.* (Patria, 1847, t. 1, p. 215.) — Climat girondin.

BLATAIROU et De LANGALERIE. — *Études relatives à l'influence de la lune, sur l'état météorologique de l'atmosphère, dans le département de la Gironde.* (Act. Soc. Lin. Bord., t. 8, 1836.)

FUSTER (Dr). — *Des changements dans les climats de la France et de la Gironde.* — Paris, 1845.

GÉOGRAPHIE (CARTES).

LURBEI. — *Garumna, Aurigera*, etc. — Burdig., 1593; in-8° rare.

BELEYME. — *11 Cartes de la Guienne.* — Atl. f°, 1771. — Utiles à consulter; grand-aigle.

CASSINI. — *Cartes trigonométriques de la Guienne*, 1774 à 1785; aigle.

CARTE DE LA GIRONDE.—Divisée en districts et 72 communes, 1800. — Très-bonne à consulter.

JOUANNET. — *Descriptions géographiques, topographiques des arrondissements, cantons et communes du département de la Gironde.* (Statistique, 1837; in-4°, tom. 2, p. 5 à 200.) — Indispensable à consulter.

JOUANNET. — *Relevé des observations thermométriques et barométriques, de 1775 à 1830; faites par Guiot, Lamothe, Marchandon.* (Stat., t. 1, p. 77-95.)

DUFOUR. — *Carte du département de la Gironde,* 1849.— Aperçu statistique à consulter.

MALTE-BRUN. — *Département de la Gironde,* 1853. (Voir *La France illustrée.*)

MONIN. — *Carte du département de la Gironde.* (Voir *Atl. dép. de la France,* 1849.)

PILLOD et LABORDE. — *Carte des environs de Bordeaux.* — Bordeaux, 1857.

CABILLET et BAGOUET. — *Carte géographique du Médoc.* — Bordeaux, 1857.

PAGNEAU. — *Carte du département de la Gironde.* — Bord., 1858. — Très-utile à consulter.

ÉTAT-MAJOR (Offic. de l'). — *Carte géographique, topographique, hypsométrique, hydrographique de la Gironde.* — Paris, 1858; 6 feuill. grand-aigle. — Très-importante à consulter, étant la plus complète.

RÉGIONS NATURELLES OROGRAPHIQUES.

RAULIN (Vor). — *Division de la France en régions naturelles et botaniques.* — Travail indispensable à consulter, au sujet du département de la Gironde, qui se trouve dans la région littorale océanienne. (Act. Soc. Lin. Bord., 1852, t. 18, p. 41.)

Idem. — *Division de l'Aquitaine en pays.* (Act. Acad. Sc. Bord., 1852, p. 401 à 436 et 1853, p. 235.)

HYPSOMÉTRIE.

CLAVEAU. — *Du nivellement trigonométrique du littoral du golfe de Gascogne, des étangs,* etc., 1773 à 1775. (Cité dans les Act. de l'Acad., 1822, p. 65.) — J'ai la copie exacte de ces nivellements.

RAULIN. — *Nivellement barométrique de l'Aquitaine (du bassin de la Gironde compris).* (Act. Acad. Bord., 1848-1851.) — Travail de la plus haute importance, à consulter, pour connaître les altitudes du département de la Gironde.

STATISTIQUE, TOPOGRAPHIE.

OUVRAGES GÉNÉRAUX.

BERNADAU. — *Histoire de Bordeaux*, *depuis* 1675 à 1836; in-8°; cartes, plans, topographie du pays.

BAUREIN (Abbé). — *Variétés bordelaises*; 6 vol. in-12°. — Ces deux ouvrages, continuation de l'Histoire de Bordeaux, par Dom de Vienne, sont très-curieux, très-utiles à consulter, concernant la topographie, etc.

LACOUR et JOUANNET. — *Musée d'Aquitaine*; 3 vol. in-8°. — Bordeaux, 1823-1824. — Excellent recueil contenant des topographies de la Gironde.

ACTES DE L'ACADÉMIE DES SCIENCES DE BORDEAUX. — Excellent recueil à consulter : riche en mémoires, notices, etc. ; sur la topographie, la statistique, l'orographie, la géologie et les autres branches des sciences naturelles.

JOUANNET. — *Statistique du département de la Gironde*, avec Supplément; 3 vol. in-4°; 1837 à 1843. — Chef-d'œuvre! extrêmement utile à consulter, dans l'intérêt de tous les sujets qui se rattachent à la topographie, à la l'hydrographie et aux sciences naturelles du pays.

BRUNET (Jules). — *Observations statistiques sur le département de la Gironde*. — Bordeaux, 1842; in-8°. — Fort utile à consulter.

BRUNET (Gust.) et DE LAMOTHE. — *Complément de la Statistique de la Gironde*. — Bordeaux, 1847; 1 vol. in-4°. — Ouvrage fort intéressant, indispensable à consulter, ayant une bonne carte géo-orographique.

COCKS. — *Guide de l'Étranger à Bordeaux et dans le département de la Gironde*. — Bordeaux, 1850; 4e édit. in-18°; plan et carte.

DE BASTEROT. — *Topographie du bassin tertiaire de la Gironde et description des fossiles*, etc. (*In* Mém. Soc. d'Hist. Nat. de Paris, 1825.) — Excellent ouvrage à consulter.

TOPOGRAPHIE SPÉCIALE.

˙ DU LITTORAL MARITIME.

THORE. — *Topographie des côtes du golfe de Gascogne.* (V. Promenade.) — Bord. , 1810 ; in-8º. — Très-utile à consulter.

HAMEAU (Le Dr). — *Topographie de la Teste-de-Buch.* — Thèse inaugurale. — Montpell., 1807 ; in-4º. — Nécessaire à consulter.

Id. — *Aperçu historique et topographique sur la Teste-de-Buch.* (Act. Acad. Sc. Bord. , 1841, p. 55 à 86.) — Il y est question de l'Histoire des Dunes et des Semis.

LALESQUE (Le Dr). — *Topographie de la Teste-de-Buch et des environs.* (Act. id.)

JOUANNET. — *Côtes maritimes de la Gironde, bassin d'Arcachon, des passes.* (Stat., t. 1, p. 64-76.)

˙˙ DE L'ENTRE-DEUX-MERS.

SOUFFRAIN. — *Essais, Notices sur Libourne et ses environs.* — Bordeaux , 1806 ; 2 vol. in-8º.

GUINODIE. — *Histoire de Libourne et de son arrondissement.* — Bordeaux , 1845 ; 3 vol. in-8º. — Utile à consulter pour ce qui concerne la topographie, la statistique de la contrée.

GUADET. — *Histoire de Saint-Émilion et de ses environs.* — Paris, 1841; in-8º. — Ouvrage couronné par l'Institut, indispensable à consulter.

SAINCRIC (Le Dr). — *Topographie de la commune de Bourg* (Gironde). — Bordeaux ; in-8º.

MOURE (Le Dr). — *Topographie de Saint-André-de-Cubzac.* (Act. Acad. Sc. Bord., 1834, p. 43.)

DUPIN. — *Notice historique et statistique sur la Réole.* — La Réole, 1839 ; in-8º.

LAPOUYADE. — *Essai de statistique*, etc., *de la Réole.* (Act. Ac. Sc. Bord., 1846, p. 207, pl.   .) — Tirage à part.

JOUANNET. — *Topographie de Verdelais.* (Mus. d'Aquit., t. 2, p. 137.)

Id. — *Topographie de Coutras.* (Mus. d'Aquit., t. 3, p. 43.)

12

* * * DU BAZADAIS.

JOUANNET. — *Topographie de Villandraut.* (Mus. d'Aquit., t. 3, p. 115.)

O'REILLY (L'abbé). — *Histoire de la ville de Bazas et de son arrondissement.* — Bazas, 1840; in-8°.

* * * * DE LA BANLIEUE DE BORDEAUX.

JOUANNET. — *Topographie de Bègles.* (Mus. cit., t. 3, p. 56.) — *Id. de Targon.* (Ib., p. 83.) — *Id. de Talence.* (Ib., p. 108.) — *Id. de Caudéran.* (Ib., p. 112.) — *Id. du Bouscat.* (Ib., p. 162.) — *Id. de Bruges.* (Ib., p. 164.) — *Id. de Ceslas.* (Ib., t. 2. p. 267.)

HYDROGRAPHIE.

LESCALA. — *Mémoire sur les étangs du littoral maritime de Gascogne.* — Dax, 1802; in-8°.

LARTIGUE ET BILLAUDEL. — *Tableau sur les eaux des environs de Bordeaux* (Act. Ac. Sc. Bord., 1821), *et Analyse chimique des diverses sources.* — Utile à consulter.

ACADÉMIE DES SCIENCES DE BORDEAUX. — *Rapport d'une Commission sur l'état actuel du cours de la Garonne.* (Act. id., 1826, p. 95-123.)

Id. — *Rapport d'une Commission sur d'anciens aquéducs de Bordeaux.* (Act. id., 1826, p. 125.) — Avec une carte topographique et hydrographique, bien faite.

Id. — *Notice sur les eaux souterraines de la Gironde.* (Act. id., 1829, p. 179.) — Intéressante à consulter.

LERMIER. — *Mémoire sur le cours de la Jalle de Saint-Médard.* (Act. id., 1830, p. 36.)

DESCHAMPS. — *Carte des départements de la Gironde et des Landes, pour la canalisation et la culture des landes,* 1832.

Id. — *Considérations sur les canaux et les rivières du département de la Gironde* (Act. Ac. Sc., 1835, p. 53. — Important à consulter.

DOIN. — *Mémoire sur le canal latéral à la Garonne.* — Paris, 1835; in-4°; 2 cartes.

DE COURCY — *Canalisation des Landes.* (Act. Ac. Sc. , 1833, p. 20.)

LARTIGUE. — *Considérations sur les eaux de la ville de Bordeaux et des environs, classification et analyse chimique.* (Act. id., 1837, p. 77.) — Indispensable à consulter.

JOUANNET. — *Des eaux courantes, fleuves, rivières, ruisseaux du département de la Gironde.* (V. Statistique, 1837, in-4°, t. 1, p. 21-60.) — Indispensable à consulter pour la connaissance des affluents de la Garonne, de la Dordogne, de la Gironde, de la Leyre, des îles, des étangs, des marais, des côtes maritimes, des sources, des fontaines du département.

DE COLLÉGNO. — *Mémoire sur la circulation des eaux souterraines dans le S.-O. de la France (et de la Gironde).* (Annal. Soc. Géol. de Rivière, 1842.) — Mémoire d'un véritable intérêt.

PAIRIER. — *Mémoire à l'appui du projet de l'amélioration des passes de la Basse-Garonne.* — Bordeaux, 1851; in-4°; avec 2 magnifiques cartes hydrographiques et topographiques.

BRUNET ET DE LAMOTHE. — *Des ruisseaux, des jalles, des cours d'eau, des étangs du département de la Gironde.* (Table par arrondissement.) (V. Complément de la Statistique, 1847, p. 89-94.)

Id., Id. — *Des divers marais du département.* (Ib., p. 60-88.)

DE LAMOTHE. — *Notes statistiques et hydrographiques des ruisseaux, des marais, etc., du département.* — Bord., 1843.

DE BELLEGARDE. — *Du dessèchement des terrains marécageux du département.* — Bordeaux, 1855; in-8°. — Tous ces mémoires, indispensables à consulter, concernant l'hydrographie du pays.

BAUDRIMONT. (Le prof.) — *De l'existence des courants interstitiels dans le sol arable de la Gironde, et de leur influence sur la végétation et sur l'agriculture.* — Bordeaux, 1852; in-8°; 84 pages. — Mémoire d'une haute importance : il y est question de la théorie des jachères, de la nature du sol des landes et des causes de sa stérilité.

FAURÉ. — *Analyse chimique des eaux courantes, superficielles, profondes, stagnantes du département de la Gironde.* (Act. Acad. cit.', 1853, p. 1 à 200.) — Travail fort remarquable, dans lequel l'auteur examine soigneusement les eaux des fleuves, des rivières, des ruisseaux, des marais, des étangs, etc., des divers arrondissements du département.

COUERBE. — *Recueil de faits pour servir à la physiologie de la vigne, établie sur l'influence des eaux du sol.* — 1er et 2e mémoire. (Act. Ac., 1858.) — Ouvrage profond, à méditer.

CARTES HYROGRAPHIQUES.

BEAUTEMPS-BEAUPRÉ. — *Cartes du cours de la Gironde et partie de la Garonne et de la Dordogne.* (*In* Carte des Côtes de France.) — Paris, 1831; grand-aigle.

Id., Id. — *Carte du bassin d'Arcachon.* — Paris, 1829; grand-aigle.

ROBIQUET. — *Carte de l'embouchure de la Gironde et des Pertuis, etc.* — Paris, 1858; grand-aigle.

CHOROGRAPHIE, TOPOGRAPHIE.

* DES LANDES GIRONDINES.

SOCIÉTÉ NEZER. — *Mémoire sur les landes, et des travaux propres à les fertiliser,* 1766. (V. Act. Ac., 1849, p. 15.)

THORE. — *Coup-d'œil sur les landes adouriennes et girondines,* 1812; in-8°.

DESBIEY. — *Mémoire sur la chorographie, la topographie des landes de Bordeaux, et la manière d'en tirer le meilleur parti;* présenté à l'Académie de Bordeaux le 25 août 1774, et couronné par l'Académie en 1776. — Bordeaux, 1776; in-4°; carte topographique excellente.

DESCHAMPS. — *De l'amélioration des landes de Bordeaux.* — Paris, 1822; in-4°; avec une belle carte topographique de la Gironde, offrant la coupe du nivellement des landes.

DESCHAMPS. — *Recueil de Mémoires sur des travaux qui inté-resssent les landes.* — Paris, 1832; in-4°; cartes.

Id. — *Études sur le desséchement et la canalisation des landes.*

D'HAUSSEZ (Baron). — *Études chorographiques et agricoles des landes.* — Collection de mémoires, etc. — Bordeaux, 1826; in-8°. — Ces divers ouvrages sont remplis de vues du plus haut intérêt, à l'égard de la culture des landes.

GAULIEUR. — *Exposé du projet de M. Deschamps, sur le canal de navigation à travers les landes girondines.* — Bordeaux, 1833; in-8°. — Ouvrage utile à consulter.

DE L'AMÉLIORATION DES LANDES et du CANAL PROJETÉ DE BORDEAUX A BLAYE; par un anonyme. — Bordeaux, in-8°; 1833.

VOYAGE DANS LES LANDES; par un anonyme, 1833.

DE MÉTIVIER. — *Des landes de la Gironde considérées sous les rapports topographiques et agricoles,* 1830; in-8°.

LEFEVBRE. — *Mémoire sur les landes et les dunes de la Gironde.* — Bordeaux, 1836; in-8°.

MARESCHAL. — *Des landes du littoral du golfe de Gascogne et sur le canal d'Arcachon.* — Bordeaux, 1842; in-8°.

GUICHENET. — *Études d'un système d'assolement propre à accroître rapidement la fertilité des terres trop siliceuses des landes.* (Act. Acad., 1843, p. 243.)

PETIT-LAFITTE. — *Les landes appréciées au point de vue de la science agricole.* (Act. Ac., 1844, p. 45-436.) — Ouvrage remarquable, indispensable à consulter : il y est question de la nature géologique du sol des landes, etc.

MORTEMART (B^on De). — *Voyage dans les landes de Gascogne,* 1840; in-8°.

DARRIEUX. — *Analyse d'un mémoire inédit de Brémontier, du 20 mars 1778, sur les landes de Bordeaux.* (Act. Ac. Sc., 1849, p. 8.

Id. — *Table analytique des entreprises faites sur ces landes, et Résumé des divers traités, Mémoires ou Rapports dont ces terres incultes ont été le sujet.* (Act. id., 1849, p. 5 à 51.) — Tirage à part; in-8°. — Ouvrage très-remarquable, dans lequel l'auteur expose les tentatives de la fixation des dunes antérieures de plusieurs années à celles de Brémontier, faites en 1772 par de Ruat, et en 1774 par l'abbé Desbiey.

PERRIS (ÉD.). — *Excursions dans les grandes landes*, 1850 et 1852; grand in-8°. — Ces deux ouvrages, très-remarquables, seront consultés avec fruit : il y est question de la nature du sol des landes, des dunes, des lacs, des étangs, du bassin d'Arcachon, et des stations entomologiques analogues à celles des Mollusques.

* * DES DUNES LITTORALES.

DE RUAT, Captal de Buch. — *Requête adressée en 1772 à Mgr. Esmangart, intendant de Guienne, relative à la fixation des dunes du littoral.* (V. Notes de M. Darrieux, Act. de l'Acad. de Bord., 1849, p. 44 à 50.)

BRÉMONTIER. — *Mémoire sur les dunes du golfe de Gascogne et les semis.* — Paris, 1796; in-8°; 74 pages. — Ouvrage couronné.

Id. — *Extrait de ce Mémoire.* (V. Baurein, *Variétés Bordelaises*, t. 3, p. 193.)

LAMBLARDIE. — *Extrait d'un Mémoire de Brémontier, sur la fixation des dunes.* (*In* Journal de l'École Polytechnique de Paris. — Sans date.

DUPLANTIER (le B^on). — *Rapport sur l'ensemencement des dunes de la Teste,* an V. (V. Baurein, t. 2, p. 5.)

TASSIN. — *Rapport sur les dunes du golfe de Gascogne et les semis.* — Mont-de-Marsan, 1804; in-12.

CHASSIRON. — *Rapport sur les divers mémoires et les travaux de Brémontier, sur les dunes, lu à la Société d'Agriculture de la Seine en 1806.* — Paris; in-8°.

THORE. — *Promenade sur les côtes du golfe de Gascogne.* — Bordeaux, 1810; in-8°. (Chapitre sur les dunes littorales, p. 53, 72, 343.) — Avec carte géographique.

JOUANNET. — *Défrichement et ensemencement des landes et des dunes girondines.* (V. Statist., t. 2, p. 301-316.)

HAMEAU. — *Aperçu historique et topographique sur les dunes de la Teste,* etc. (Act. Acad., 1841, p. 55-86.) — L'auteur indi-

que des semis entrepris, pour fixer les dunes, avant Brémon
tier (p. 65.) Il cite les traces d'une forêt antique souterraine
sur la côte (p. 82.)

De LAMOTHE. — *Documents pour servir à l'Histoire de la
plantation des dunes de Gascogne.* (Act. Acad., 1847, p. 437
à 467.

Id. — *Article bibliographique sur les dunes.* (Act. id., 1847,
p. 468.)

BALGUERIE (Ch.). — *La vérité sur la fixation des dunes.* —
2ᵉ éd. — Bordeaux, 1848 ; in-8º.

DES MOULINS (Ch.). — *Notes pour servir au Rapport sur le
Mémoire de M. Pigeon, sur les dunes du golfe de Gascogne.*
(Act. id., 1850, p. 521 à 540.) — Tous ces ouvrages intéres-
sent l'histoire des Dunes, et deviennent très-utiles à consulter.

* * * PRODUITS NATURELS DES LANDES GIRONDINES.

JOUANNET. — *Notice sur quelques produits naturels des landes
de la Gironde.* (Act. Ac., 1822, p. 49, et Musée d'Aquitaine,
1823, t. 1, p. 80-88 et p. 122-127.) — Tirage à part ;
20 pages. — Il y est question des marnes, argiles, faluns à
fossiles, des minérais de fer.

GUILLAND.—*Mémoire sur les minérais de fer dans les landes de la
Gironde.* (Act. Ac., 1824, p. 18.) — Rapport.

ANONYME. — *Voyage dans les landes, observations sur leurs
produits naturels,* etc. (Act. Ac., 1833, p. 26.)

MANÈS. — *Mémoire sur les minérais de fer dans les landes de
Gascogne, et de l'état industriel du fer,* etc. (Act. Ac., 1846,
p. 585 à 604.) — Il y a des tableaux très-importants à
consulter, et des considérations fort instructives sur la nature
du sol des landes.

FAURÉ. — *Analyse chimique de l'agrégation sablonneuse, connue
sous le nom d'*Alios ou Tuf, *dans les landes girondines.*
(*in* Annal. Soc. d'Agric. de Bord., 1847.) — 2ᵉ année ; in-8º.
— M. Fauré a fait connaître que l'*Alios* n'était qu'un détritus
de végétaux mêlé avec du sable siliceux, etc.

GÉOLOGIE.

§ I. — ÉCRITS GÉNÉRAUX SUR LA CONSTITUTION GÉOLOGIQUE DU
BASSIN DE LA GIRONDE.

BOUÉ. — *Mémoire géologique du Sud-Ouest de la France.* (*In*
Annal. Sc. Nat., 1823-1824, t. 2, 3 et 4.)

DE BASTEROT. — *Description géologique du bassin tertiaire de
la Gironde.* (*In* Annal. des Sc. Nat., 1825.)

BILLAUDEL. — *Coup-d'œil sur la géologie de la Gironde.* (Act.
Soc. Lin., 1826, p. 99 à 113.) — Coupes.

Id. — *Considérations géologiques.* (Ib., 1827, p. 69.)

DE GRATELOUP. — *Précis des travaux géologiques de la Société
Linnéenne de Bordeaux, depuis sa fondation, et résumé des
progrès et des découvertes*, etc. (Act. Soc. Lin., 1835, t. 7,
p. 1 à 65.) — Avec coupes figuratives des divers terrains.

JOUANNET. — *De la constitution géologique du bassin de la
Gironde.* (*In* Statist., 1837, t. 1, p. 4 à 21.)

DROUOT. — *Mémoire géologique sur les terrains de la Gironde.*
(Ann. des Mines, 1838.)

Id. — *Essai sur la nature et la disposition des formations géologiques du département de la Gironde.* (Act. Ac. Sc. de
Bord., 1839, p. 649 à 665.)

DE LAMOTHE. — *Coup-d'œil géologique de la Gironde.* (Annuaire
de la Soc. Lin., 1841.)

Id. — *Résumé géologique sur le département de la Gironde.*
(Compl. de la Statist., 1847, p. 1 à 12.)

DELBOS. — *Notice géologique sur les terrains du bassin de la
Gironde.* (Bull. Soc. Géol. de France, 1847, t. 4, p. 712.)

RAULIN. — *Géologie du bassin de Bordeaux.* (Patria. 1847, t. 1,
p. 295.)

Id. — *Coup-d'œil sur les progrès de la Géologie dans l'Aquitaine
occidentale.* (Assises Scient. de la Guienne, tenues à Bordeaux
en juin 1858; Caen. 1859, p. 116-131.)

§ 11. - OUVRAGES SPÉCIAUX.

1° Terrain alluvionnel de la Gironde.

VIVENS (Vte De). — *Exposé de la situation des passes de la Garonne, des atterrissements, des encombrements, etc.,* 1820.

Id. — *Recherches sur les causes des atterrissements progressifs de la Gironde.* — Paris, 1825; avec carte topographique. — *Mémoire sur les atterrissements de la Garonne;* par la Chambre de Commerce de Bordeaux, 1825; in-4°.

LABROUSSE (Abbé). — *Des vallées d'érosion, des alluvions de la Gironde,* etc. (Act. Soc. Lin., 1838, t. 10, p. 65.)

DE GRATELOUP. — *Des terrains alluvionnels de la Gironde.* (Act. Soc. Lin., 1835, t. 7, p. 179.)

JOUANNET. — *Du sol alluvionnel des vallées et des vallons de la Gironde.* (Stat., 1837, t. 1, p. 18.)

Id. — *Coupes des terrains alluvionnels de Queyries.* (Act. Soc. Lin., t. 4, p. 181.)

2° *Tourbes. — Lignites.*

LABROUSSE (Abbé). — *Rapport sur les Tourbes de la commune de Martignas.* (Ami des Champs, 1840, p. 158.)

DE GRATELOUP. — *Des dépôts de Tourbes de la Gironde, à Bruges, Eysines, Blanquefort, Ambarès, Montferrand, Arveyres, Blaye, Brannes, littoral d'Arcachon,* etc. (Act. Soc. Lin., t. 7, p. 13.)

PÉDRONI. — *Mémoire sur les minéraux combustibles du département de la Gironde (bois fossiles, lignites,* etc.) (Ami des Champs, 1842, p. 163.)

JOUANNET. — *Coupe du dépôt de lignites de Cestas.* (Act. id., t. 4, p. 219.)

Id. — *Coupe id. de Bellin.* (Act. id., p. 220.)

Id. — *Coupe id. d'Eysines.* (Musée d'Aquitaine, t. 1, p. 83.)

3° *Terrain diluvionnel.* (Diluvium).

BILLAUDEL. — *Essai sur le gisement, l'origine et la nature des cailloux roulés de la Gironde.* (Act. Soc. Lin., 1830, t. 4, p. 227.)

13

JOUANNET. — *Du gisement des graves ou cailloux roulés*, etc.
(Act. Ac., 1831, p. 41.)

Id. — *Notice et Coupe des sables diluvionnels de Terre-Nègre,
près Bordeaux.* (Act. Soc. Lin., 1826, p. 67.)

DE GRATELOUP. — *Du diluvium de la Gironde : coupes figuratives.* (Act. Soc. Lin., 1835, t. 7. p. 16.)

4° *Molasses paléotériennes.*

JOUANNET. — *Notice sur les molasses du Fronsadais.* (Act. Soc.
Lin., t. 4, p. 202-217.)

BILLAUDEL. — *Notice sur les terrains paléotériens du Saillant.*
(Act. Ac., 1829, p. 213.) — Coupe.

5° *Terrains lacustres.*

DELBOS. — *Recherches sur l'âge de la formation lacustre de la
partie orientale du bassin de la Gironde.* (Mém. Soc. Géol.
de Fr., 1847, t. 11, p. 241-289.) — Ouvrage très-remarquable.
— Coupes.

RAULIN. — *Rapport sur ce Mémoire, fait à l'Académie de Bordeaux.* (Act. Ac., 1848, p. 185-206.) — Le savant Rapporteur
fait connaître le mérite de ce travail.

Id. — *Mémoire sur le même sujet, dans la partie de l'Aquitaine,
à l'est de la Garonne.* (Act. id., 1855, p. 205.)

6° *Sables.* (Terrain pliocène).

BRÉMONTIER. — *Mémoire sur les sables des dunes de la côte
océane, depuis Bayonne jusqu'à la Pointe de Graves.* —
Paris, 1796 ; in-8° ; 74 pages.

BILLAUDEL. — *Essai sur les sables des landes*, 1826. (Act. Ac.)

JOUANNET. — *Des sables des landes.* (Stat., t. 1, p. 16.)

Id. — *Des sables maritimes.* (Ib., p. 10.)

CAZEAUX. — *Des sables des landes de Gascogne*, 1842 ; in-8°.

RAULIN. — *Mémoire sur l'âge des sables de la Gironde*, etc.
(Act. Ac., 1848, p. 159-190.)

BILLAUDEL. — *Mémoire sur les grès du Bazadais.* (Act. Soc. Lin.,
t. 7, p. 10.)

7° *Terrains tertiaires de la Gironde.*

Classifications.

DESNOYERS. — *Mémoire sur la non-simultanéité des bassins tertiaires.* — Il y est question du bassin de la Gironde. (Annal.
Sc. Nat., 1829.)

JOUANNET. — *Classification des terrains tertiaires de la Gironde·*
(Act. Soc. Lin., 1830, t. 4, p. 171-226 et p. 334; Act. Ac.
Sc., 1830, p. 55.) — Travail très-intéressant à consulter.

DUFRÉNOY. — *Mémoire géologique sur les terrains tertiaires du
du midi de la France.* (Annal. des Mines, 1836, 3e série,
t. 2, p. 417; Coupes; — et *in* Mém., Soc. Géol. de Fr., t. 3. p. 8
à 118.) — Coupes.

DROUOT. — *Essai sur la classification des terrains tertiaires de la
Gironde.* (Annal. des Mines, 1838, t. 13, p. 57-84.) — Coupes.

Id. — *Essai sur la nature et la disposition des formations tertiaires, entre la Dordogne et la Garonne (Entre-deux-
Mers).* (Act. Ac., 1839, p. 649-665.) — Coupes.

DE GRATELOUP. — *Classification des terrains tertiaires du bassin de la Gironde.* (Act. Ac. Sc., 1840, p. 211-225.)

DE COLLÉGNO. — *Classification des terrains tertiaires du département de la Gironde.* — (Annal. des Sciences géologiques, par
Rivière.) — Paris, 1843. — (Act. Ac. Sc. Bordeaux, 1843, p. 177
à 220.) — Tirage à part. — Bordeaux; in-8°; 44 pages.

DELBOS. — *Mémoire sur les terrains tertiaires du bassin de la
Gironde.* (Act. Soc. Lin., 1843; Ami des Champs, 1843, p. 406.)

PÉDRONI. — *Notice sur les terrains calcaires nitrifères de la
Gironde.* (Ami des Champs, 1843, p. 321.)

RAULIN. — *Nouvel essai d'une classification des terrains tertiaires
de l'Aquitaine.* (Act. Ac., 1848, p. 317-358.)

8° *Notices géologiques spéciales de la Gironde.*

GUILLAND. — *Notice sur la géologie de Castelnau-de-Même.* —
Coupe. (Act. Ac. Sc., Bord., 1822.)

Id. — *Notice géologique sur le terrain (mixte) marin et lacustre
de Saucats, au sud de Bordeaux.* (Act. Soc. Lin., 1826,
t. 1, p. 123-143.) Coupe.

JOUANNET. — *Coupe du calcaire lacustre de Saucats.* (Musée d'Aquitaine, t. 1, p. 215.)

Id. — *Notice sur les terrains marneux de Hure, près la Réole.* (Musée d'Aquitaine, t. 2, p. 280, 1823.)

DEPIOT-BACHAN.— *Analyse succincte du falun coquillier de Saucats.* (Act. Ac., 1829, p. 66.)

BILLAUDEL. — *Notice sur les terrains tertiaires marins et d'eau douce de la commune d'Aillas.* (Act. Soc. Lin., 1835, t. 7, p. 89.)

DUFRÉNOY et ÉLIE DE BEAUMONT. — *Faluns de la Gironde.* (*In* Mém. Géolog. du sud-ouest de la France; *in* Act. Soc. Géol. de Fr., t. 3, 1836.)

JOUANNET. — *Description géologique des côteaux et plateaux calcaires de la Gironde.* (Statist., 1837, t. 1, p. 17.)

PELLIS. — *Description géologique des terrains de Sainte-Foy-la-Grande,* 1839; in-8°.

DE GRATELOUP. — *Notice sur la géologie et la zoologie fossile de Léognan.* (Act. Soc. Lin., 1839, p. 335.)

DELBOS et PÉDRONI. — *Notice sur les terrains de Blaye.* (Act. id., 1843; Ami des Champs, 1843, p. 321.)

DELBOS. — *Notice sur les faluns du sud-ouest de la France.* (Bullet. Soc. Géol. de Fr., 1848. t. 5, p. 417.)

9° *Argiles plastiques.*

BILLAUDEL. — *Gisement de l'argile plastique de la Gironde.* (Act. Ac. Sc. Bord., 1828.)

Id. — *Rapport des argiles réfractaires du bassin de la Gironde.* (Act. id., 1828, p. 167; et Act. Soc. Lin., 1835, t. 7. p. 7.)

10° *Terrain crétacé.*

DUFRÉNOY. — *Mémoire sur le terrain crayeux du sud de la France.* (Ann. des Mines, 1830, t. 8.) — Coupes.

D'ARCHIAC (Vte). — *Mémoire sur la formation crétacée du sud-ouest de la France.* (Mém. Soc. Géol. de Fr., t. 2.) — Planches-coupes.

PÉDRONI. — *Excursion à Villagrain, près Béliet* (Gironde); *Note sur le banc de craie, découvert en 1840.* (Act. Soc. Lin., 1845, t. 14, p. 6-72.)

11° *Coupes géologiques.*

* DES TERRAINS DU BASSIN DE LA GIRONDE.

BILLAUDEL. — *Coupe hypothétique et géologique des terrains de la Gironde, depuis l'Océan, près de la Tesle, jusqu'à Mucidan, sur la rivière de l'Isle.* (Act. Acad., 1826.)

Id. — *Coupe du côteau calcaire de Cénon, rive droite de la Garonne.* (Act. Soc. Lin., t. 4. p. 215, et Act. Acad., 1828, p. 180.)

JOUANNET. — *Coupe du calcaire tertiaire, près de la Réole.* (Act. Soc. Lin., 4, p. 214.)

Id. — *Du côteau de Castelnau sur le Ciron.* (Ib., p. 216.)

Id. — *De Saint-Macaire.* (Stat. 1, p. 333.)

DE GRATELOUP. — *Coupes figuratives des divers terrains du bassin de la Gironde.* (*In* Précis des travaux géologiques; Act. Soc. Lin., t. 7, 1835, p. 61 à 64.)

DE LAMOTHE. — *Coupes géologiques figuratives des terrains tertiaires du même bassin.* (Complément stat., 1847, p. 1.)

RAULIN. — *Coupe géologique des collines calcaires des rives droites de la Gironde, de la Garonne et de la Leyre*, etc. (Act. Acad., 1853, p. 667 à 706.)

* * COUPE DES FORAGES ARTÉSIENS.

JOUANNET. — (V. *Statist.*, t. 1, p. 333-340.)

Id. — *Coupe de Caudéran.* (Act. Soc. Lin., t. 4, p. 205.)

Id. — *Coupe de la place Dauphine*, à Bordeaux. (Act. Soc. Lin., t. 4, p. 206-335.)

Id. — *Coupe de Beychevelle à Saint-Julien en Médoc.* (Act. id., p. 209-335.)

Id. — *Coupe de Peujard, rive droite de la Dordogne, chez M. le marquis de Las-Cazes.* (Act. Soc. Lin., t. 4, p. 212.)

12° *Géologie d'application.*

JOUANNET. — *Mémoire relatif aux produits minéralogiques des Landes girondines, et de leur utilité.* (Mus. d'Aquit., t. 1, p. 80-122; Act. Acad., 1822, p. 49-68.)

GUILLAND. — *Mémoire sur les gisements des minérais de fer des Landes.* (Act. id., 1822.)

BILLAUDEL. — *Recherches des argiles réfractaires dans la Gironde.* (Act. id , 1828, p. 167-187.) Coupes.

JOUANNET et BILLAUDEL. — *Recherches des gisements des meilleures pierres à chaux hydraulique dans la Gironde.* (Mus. d'Aq., t. 1. p. 87 ; Act. Ac., 1828, p. 149-165.)

MANÈS. — *Statistique des carrières de pierre calcaire du département de la Gironde, et de leur emploi.* (Act. Acad., 1848, p. 173-183.) — Mémoire très-important à consulter.

Id. — *Notes sur ce sujet.* (Act. id., 1850, p. 77.)

DE GRATELOUP. — *Discours sur la géologie d'application à l'agriculture, aux arts industriels de la Gironde, etc.* (Act. Soc. Lin., 1835, t. 7, p. 1-14.)

DELBOS. — *Thèse sur la géologie et la botanique de la Gironde.* — Bordeaux, 1854 ; in-4°. — Excellent ouvrage à consulter : il y est question du mode de répartition des végétaux dans le département, et du rapport entre la végétation et les terrains géologiques.

DES MOULINS (Ch.) — *Deux Mémoires sur l'influence des terrains sur la végétation.* (Act. Soc. Lin.) — Ouvrage d'un haut intérêt à consulter et à méditer.

13° *Cartes géologiques de la Gironde.*

BILLAUDEL. — *Esquisse d'une carte géologique de la Gironde.* (Act. de l'Ac., 1828, p. 185.) — C'est la première carte qui ait été faite. On attend celle dont M. Pigeon, ingénieur des mines, s'est chargé d'exécuter.

DUFRÉNOY et ÉLIE DE BEAUMONT. — *Carte géologique de France,* en 6 feuilles, grand-aigle; 1841. — Indispensable à consulter pour la Gironde.

DUMONT. — *Carte géologique de l'Europe.* — Magnifique carte en 4 feuilles grand-aigle, indispensable à consulter.

DE GRATELOUP. — *Projet d'une carte géologique, botanique et malacologique de la Gironde.*

14° *Ouvrages à consulter.*

DE GRATELOUP. — *Notice bibliographique sur les ouvrages les plus importants touchant la géologie et la paléontologie de la Gironde.* (Conchyl. fossile du bassin de l'Adour, t. 1, p. 15, 1840; Act. Soc. Lin., 1835. t. 7. p. 15-19.)

HISTOIRE NATURELLE.

RECUEILS DES SOCIÉTÉS SAVANTES.

ACTES DE L'ACADÉMIE DES SCIENCES DE BORDEAUX, *depuis* 1819, *jusqu'à ce jour.*

BULLETIN ET ACTES DE LA SOCIÉTÉ LINNÉENNE DE BORDEAUX, *depuis* 1818, *jusqu'à ce jour;* 24 volumes in-8°.

AMI DES CHAMPS, *de* 1822 à 1859. — Ces Recueils renferment des documents précieux, relatifs aux sciences naturelles et agricoles de la Gironde.

ZOOLOGIE.

§ I. — COQUILLES FOSSILES DE LA GIRONDE.

DE LA BÈCHE. — *Réflexions sur les coquilles fossiles du bassin de la Gironde.* (Manuel Géologiq., 1833, p. 290.)

JOUANNET. — *Notice sur les divers gisements des coquilles fossiles de la Gironde.* (Act. Acad., 1822.)

DE BASTEROT. — *Description des coquilles fossiles des faluns du bassin de la Gironde.* (*In* Mém. Soc. d'h. nat.) — Paris 1825; in-4°; 7 planches lithographiées.

DES MOULINS. — *Tables des coquilles fossiles des faluns tertiaires de la Gironde.* (*In* Mém. sur les terr. tert. de Dufrénoy, 1834; in-8°.)

DE GRATELOUP. — *Discours sur la zoologie fossile, et sur les avantages de son application à la zoologie vivante.* (Act. Ac., 1839, p. 463.)

LABROUSSE (Abbé). — *Notice sur une excursion conchyliologique à Lestonac* (Gradignan), *et au Coquillard de Léognan.*
(Ami des Champs. 1839, p. 326.)

MICHAUD. — *Observations sur les coquilles fossiles de Léognan*
(ib., 1840, p. 254), *et de Mérignac.* (Ib., 1841, p. 98.)

DE GRATELOUP. — *Catalogue des débris fossiles des vertébrés et
invertébrés, observés dans les diverses formations géologiques du bassin de la Gironde.* (Act. Ac. 1840, p. 226 à 716.)
— En 6 articles. — Tirage à part.

RAULIN. — *Distribution géologique des vertébrés et des mollusques terrestres et fluviatiles fossiles de l'Aquitaine,* etc. (Act.
id., 1856, p. 363 à 408.) — Tirage à part; 50 pages.

§ II. — MOLLUSQUES TERRESTRES ET FLUVIATILES VIVANTS,
DE LA GIRONDE.

DES MOULINS (Ch.) *Catalogue des espèces et variétés des Mollusques terrestres et fluviatiles, observés à l'état vivant dans le
département de la Gironde.* (*In* Bullet. Soc. Lin. Bord., 1827,
t. 2; réimprimé *in* Act. Soc. id., 1845, t. 2, p. 39 à 69.)

Id. — *Premier Supplément au Catalogue id.* (Act. id., 1829, t. 3,
p. 211–227.)

Id. — *Deuxième Supplément.* (Ib., 1852, t. 17, p. 421–434.)

Id. — *Mollusques terrestres et fluviatiles à ajouter au Catalogue
recueilli par MM. Fischer et Gassies.* (Act. id., 1853, t. 18,
p. 492–499.)

Id. — *Description de la* Paludina bicarinata. (Act. Id., 1827 et
1845, p. 26, pl.)

Id. — *Description du* Pupa pagodula. (Ib., 1830, t. 4, p. 158.) —
Planche.

Id. — *Description de quelques mollusques nouveaux ou peu
connus.* (Ib., 1833, t. 7, p. 142–163.)

Id. — *Description de l'*Unio Michaudiana. (Ib., 1832, t. 6, p. 20.) —
Planche.

Id. — *Mémoire sur la question du genre Planorbe: Est-il dextre
ou senestre?* (Act. id., 1830, t. 4, p. 273.) — Planche
coloriée.

DES MOULINS. — *Rapport sur deux Mémoires malacologiques de M. Gassies : l'un sur l'*Ancylus Janii*; l'autre sur les* Pisidium *du sud-ouest de la France* (Act. Ac., 1855, t. 17, p. 353-359.)

Id. —*Note supplémentaire à ce Rapport.* (Ib., p. 360-369.)

BURGUET (H.) — *Notice sur l'*Helix cornea, *var.* Squammatina. (Ami des Champs, 1842, p. 203.)

Id. — *Note sur une excursion conchyliologique, à Lormont.* (Ib., 1843, p. 314.)

MICHAUD. — *Notice relative à l'*Ancylus-spina-rosæ. (Act Soc. Lin., séance du 17 octobre 1838; — Ami des Champs, 1838, p. 367).

FISCHER et GASSIES. — *Monographie du genre Testacelle.* (Act. Soc. Lin., 1858, t. 21, p. 195-248.) — 2 planches.

GASSIES. — *Mollusques terrestres, observés, à Saint-Émilion, dans une excursion du 30 juin* 1853. (Act. Soc. Lin.)

Id. — *Description des Pisidies, observées, à l'état vivant, dans la région aquitanique du sud-ouest de la France* (Gironde). (Act. id., 1855, t. 20, p. 330 à 353.) — 2 planches.

Id. — *Des progrès de la Malacologie en France, et particulièrement dans le Sud-Ouest, depuis moins d'un siècle.* (In Annuaire de l'Instit. des Provinces, 1859, p. 101-115.)

COUDERT (Hyp.)—*Notice sur la Faune conchyliologique des Spics, au Bouscat, près Bordeaux.* (Act. Soc. Lin., t. 20, p. 439.)

§ III. — DISTRIBUTION GÉOGRAPHIQUE DES MOLLUSQUES.

DE GRATELOUP et RAULIN. — *Tableau de la distribution géographique et statistique des Mollusques terrestres et fluviatiles vivants et fossiles de la France;* grand-aigle.

Id. — *Second tableau, id., id., disposés selon les régions naturelles, etc.;* grand-aigle. (Act. Ac., 1855, t. 17.)

Id. — *Catalogue général des Mollusques terrestres et fluviatiles vivants et fossiles de la France continentale et insulaire.* — Bordeaux, 1855; in-8°; 60 pages.

BAUDRIMONT. — *Rapport fait à l'Académie des Sciences de Bordeaux, sur ces tableaux statistiques et géographiques des Mollusques.* (Act. Ac., 1855, p. 5.)

14

DE GRATELOUP. — *Distribution géographique de la famille des Limaciens.* — Bordeaux, 1855; in-8°; 35 pages.

§ IV. — ANATOMIE ET PHYSIOLOGIE DES MOLLUSQUES.

1° *Ouvrages généraux, étrangers à la Gironde, indispensables à consulter.*

CUVIER. — *Le règne animal distribué, d'après son organisation.* (Partie des Mollusques.) — Paris; 2ᵉ éd.; 5 vol. in-8°, 1829, fig.

Id. — *Mémoire sur l'anatomie des Mollusques*, 1817; in-4°; 35 planches.

DESHAYES. — *Anatomie comparée des divers genres de Mollusques.* (*In* Dict. Encyclop. méth., 1831; 3 in-4°.

Id. — *Anatomie des divers types du genre* Helix. (Ann. Soc d'H. nat., t. 22, 1831, p. 345.) — 9 planches.

MOQUIN-TANDON. — *Histoire naturelle des Mollusques terrestres et fluviatiles de France.* — Paris, 1855; 2 volumes grand in-8°; planches. — Consulter le tome 1, p. 19 à 274.

DE BLAINVILLE. — Ses divers travaux anatomiques des Mollusques, insérés dans le *Dictionnaire des Sciences naturelles*, le *Journal de Physique*, les *Annales des Sciences naturelles*, le *Bulletin philomathique*, etc.

DUVERNOY. — *Mémoire sur le système nerveux des Acéphales.* (*In* Mém. de l'Instit., 1854, t. 24, p. 3.) — 9 planches.

DUMORTIER. — *Mémoire sur l'embryogénie des Gastéropodes.* (Ann. Sc. Nat., 1837, t. 8, p. 129.) — 3 planches.

PRÉVOST. — *De la génération de divers Mollusques univalves et bivalves.* (Annal. Sc. nat., 1824, t. 1; 1825, t. 5; 1826, t. 7; 1833, t. 30.)

DE QUATREFAGES. — *Ses travaux sur l'embryogénie des Mollusques.* (Ann. Sc. Nat., 1834-1836, etc.)

DE SAINT-SIMON. — *Observations anatomiques sur la glande caudale, la glande précordiale, le cœur des Limnéens, l'organe de la glaire*, etc. (*In.* Journ. Conchyl. Paris, 1851-1852-1853.) — Ouvrages d'un haut intérêt à consulter.

DROUET. — *Études sur les nayades de la France.* — Paris, 1852 à 1857; 2 volumes grand in-8°; planches très-bien exécutées. — Excellent traité à consulter, sous tous les rapports.

MILNE EDWARDS. — *De la circulation des Mollusques*, etc. (Ann. Sc. nat., 1847, t. 8, p. 71.)

BAUDRIMONT. — *Dynamique des êtres vivants.* (Act. Ac. Sc. de Bordeaux, 1856, p. 347 à 452. — Mémoire de la plus haute importance à consulter et à méditer.

D'ORBIGNY. — *Considérations sur la station normale comparative des Mollusques bivalves.* (Annal. Sc. Nat., 1843, t. 19, p. 212)

RECLUZ. — *Observation sur le goût des Limaces, pour les champignons.* (Revue zool. de M. Guérin, 1841, p. 307.)

LEIDY. — *De l'organe de l'odorat, chez les Gastéropodes terrestres.* (Journ. Acad. Sc. Nat. Philad., t. 1, p. 69; et Journ. conchyl. Paris, 1850, p. 34.)

LESPÈS. — *Recherches sur l'œil des Mollusques gastéropodes terrestres et fluviatiles.* — Thèse inaugurale. — Toulouse, 1851; in-4°; planches. — Travail du plus grand intérêt.

2° Ouvrages publiés dans la Gironde.

BOUCHARD. — *Notice sur la ponte de l'*Ancylus fluviatilis. (Drap., Ami des Champs, 1834, p. 82; — Act. Soc. Lin., t. 5, p. 310-314. — Intéressant à consulter.

GASSIES. — *Quelques faits d'embryogénie des Ancyles*, etc. (Act. id., 1851, t. 17, p. 365-372.) — Planches. — Très-intéressant à consulter.

Id. — *Observations relatives aux accouplements adultérins chez quelques Mollusques terrestres.* (Journ. Conchyl., 1852, t. 3, p. 107

Id. — *Essai sur le* Bulime tronqué (*B. decollatus*). (Act. id., 1847, t. 15, p. 5-22.) — 2 planches. — L'auteur fait connaître les causes accidentelles de la troncature du têt.

FISCHER. — *De l'érosion du Têt des coquilles fluviatiles univalves de la Gironde.* (Act. id., 1852, t. 18, p. 155 à 161; planche; id., 1855, t. 20, p. 131.) — L'auteur en donne l'explication pour les Limnées, les Néritines, etc.

Id. — *Des phénomènes qui accompagnent l'immersion des Mollusques terrestres.* (Act. id., 1852, t. 19, p. 51-60.) — Il y est question des Hélices, Bulimes, Cyclostomes, Ambrettes, Vitrines, Limaces, etc. — Expériences curieuses.

FISCHER. — *Mélanges de conchyliologie.* — Le savant auteur de ce Mémoire a fait des observations intéressantes, relatives au sommeil, à l'hibernation et aux mœurs des Pulmonés aquatiques. (*In* Act. id., 1854, t. 20, p. 357-400.)

Id. — *Note sur l'anatomie de deux espèces d'Ambrettes.* (Act. id., 1855, t. 20, p. 444.) — Planche.

ADDITIONS.

DE L'UTILITÉ DES *aquarium*, POUR L'ÉTUDE DES MOLLUSQUES FLUVIATILES, etc.

ROSSMASSLER. — (Iconographie, oct, 1858, t. 3.) — Consulter la préface de son beau travail sur les Mollusques de l'Europe: il y est question d'élever artificiellement, non-seulement les Mollusques d'eau douce, mais encore les terrestres, à la façon des botanistes pour les plantes. — Consulter aussi un petit ouvrage, concernant les *Aquarium*, qui a paru en 1857, à Léipsic, chez Mendelssohn.

DES MOULINS. — *Notes sur les moyens d'empêcher la corruption des eaux, dans lesquelles l'on élève des animaux aquatiques vivants.* (Act. Soc. Lin., 1830, t. 4, p. 257-172.) — C'est avec des Lentilles d'eau et des Riccies que M. Des Moulins a élevé des *Planorbes*, des *Physes*, des *Limnées*, dans des bocaux, et qu'il en a ainsi purifié l'eau. N'est-ce pas surprendre la nature sur le fait, à l'égard des localités marécageuses dont les plantes fluviatiles sont des moyens d'assainissements et de conservation des animaux aquatiques?

AGRICULTURE.

§ 1. — OUVRAGES GÉNÉRAUX, RECUEILS SUR L'AGRICULTURE DE LA GIRONDE.

ANNALES DE LA SOCIÉTÉ D'AGRICULTURE DU DÉPARTEMENT DE LA GIRONDE, de 1845 à 1859; in-8°. — Indispensable à consulter.

BOUSSINGAULT. — *Economie rurale, considérée dans ses rapports avec la chimie, la physique, la météorologie,* etc — Paris, 1844; 2 in-8°. — Indispensable à consulter.

BOUSSINGAULT. — *Recherches chimiques sur la végétation.* (Mém.
de l'Inst., t. 43.)

MANÈS. — *Statistique agricole du bassin de la Gironde.* (Act. Ac.
Sc. de Bord., 1855, p. 73.)

DE LAMOTHE. — *De l'agriculture du département de la Gironde.*
(Complém. Stat., 1847, p. 53-59.)

JOUANNET. — *Culture des céréales, des prairies, des assolements.*
(Stat., 1837, t. 2, p. 243-277.)

PETIT-LAFITTE. — *Du perfectionnement de l'Agriculture dans
le département de la Gironde.* (Act. Ac., 1839, p. 229.)

Id. — *Mémoire sur l'agriculture du département de la Gironde.*
— Bordeaux, 1845-1847; in-8°.

Id. — *L'Agriculture, source de richesse.* — Bordeaux, 1840-1848;
9 volumes in-8°. — Ouvrage très-intéressant à consulter,
relativement aux terrains appropriés aux diverses cultures
du département.

Id. — *Recherches sur les forces productrices du département de
la Gironde.* (Act. Ac., 1849, p. 51-229.) — Carte agricole du
département.) — Très-intéressant à consulter.

Id. — *Tableau général de l'Agriculture et de ses progrès dans le
département de la Gironde.* — Bordeaux, 1850; in-8°.

Id. — *De la connaissance des terres cultivées.* — Bordeaux,
1843-1845; in-8°.

Id. — *Annuaire agricole du département de la Dordogne.* —Périg.,
in-16.

DE LAMOTHE. — *Notice sur l'Agriculture du département de la
Gironde.* (Complém. Stat., 1847, p. 54.)

DE GRATELOUP. — *De l'usage avantageux des faluns, comme
engrais.* —Prix proposé par l'Académie de Bordeaux sur leur
emploi dans la Gironde. (Act. Ac., 1827, p. 71.)

§ II. — OUVRAGES SUR LES VIGNOBLES, CULTURE DE LA VIGNE.

PETIT-LAFITTE. — *De la culture de la vigne.* — Bordeaux,
1834-1843.

JOUANNET. — *Site, sol et culture des vignes de la Gironde.* (Stat.
t. 2, p. 214.)

DE SAINT-AMANS. — *Notice sur les vignobles de la Gironde.*
— Bordeaux, 1834; in-18.

COUERBE. — Mémoire intitulé : *Faits pour servir à la physiologie de la vigne.* (Act. Ac., 1858, p. 209-287.) — Mémoire
d'un haut intérêt; important à consulter.

FRANCK. — *Traité des vignobles de la Gironde, et des vins du
Médoc,* etc., 1851; 2e éd.; in-8°; avec carte.

ARTAUD (Le Dr.) — *De la vigne et de ses produits;* 1858; in-8°.
— Ouvrage fort remarquable, rempli de faits, de réflexions
judicieuses, relatives au sol des vignobles, etc. Le 4e entretien,
p. 101, est très-utile à consulter, étant afférent au sujet qui
intéresse le climat, le diluvium et les phénomènes météorologiques qui influent sur les vignes et les qualités des vins.

FAURÉ. — *Analyse chimique et comparée des vins du département de la Gironde.* (Act. Acad., 1843, p. 603-666; tirage à
part, 1844; in-8°; 80 pages. — Indispensable à consulter.

§ III. — DES MOLLUSQUES NUISIBLES A L'AGRICULTURE,
A L'HORTICULTURE, etc.

MILLET. — *Observations sur les Limaces, et des moyens de les
détruire.* (Journ. des Comic. Hort. de Maine-et-Loire, 1840,
t. 2, n° 11.)

JOURNAL DE L'AGRICULTURE DE L'ARIÉGE. — *Moyens de détruire
les Limaces nuisibles,* 1829, janvier.

ANNALES DES SCIENCES LITTÉRAIRES D'AUVERGNE. — *Limaces
nuisibles, procédés pour les détruire.* — Clermont, 1830,
t. 3, p. 28.

PETIT-LAFITTE. — *La Vigne et les Mollusques; des espèces nuisibles, moyens de les détruire.*

BAUDON (Le Dr). — *Des Mollusques nuisibles à l'agriculture.*
(Journ. Hebdomad. des Cultivateurs du département de l'Oise,
depuis le 3 novembre 1758, au 16 avril 1859.) — Ce travail,
fort intéressant et le plus complet qui ait paru sur ce sujet,
et que le savant auteur continue, sera consulté avec un
grand avantage par les cultivateurs et les horticulteurs de
tous les départements.

§ IV. TRAITÉS RELATIFS A L'AGRICULTURE DES LANDES.

DESBIEY. — *Mémoire sur la meilleure manière de tirer parti des landes de Bordeaux, relativement à la culture,* etc. — Ouvrage couronné par l'Académie de Bordeaux. — Bordeaux, 1776 ; in-4° ; 60 pages ; Carte topogr. et orogr. des Landes. — Mémoire d'un haut intérêt, très-utile à consulter

SINCLAIR (Sir J.) — *De l'Agriculture pratique et raisonnée, applicable aux Landes.* — Traduction de M. de Dombasle. — Extrait à consulter dans l'ouvrage de M. de Métivier, p. 525 à 536.

De MÉTIVIER. — *De l'Agriculture et du défrichement des landes de la Gironde.* — Bordeaux, 1839 ; 1 volume in-8°. — Ouvrage extrêmement utile à consulter.

BONNEVAL (Cte DE). — *Tableau pittoresque et agricole des Landes de la Teste et d'Arcachon.* — Bordeaux, in-8°.

SIMON. — *Projet de colonisation d'une partie des landes de Gascogne et de Bordeaux.* — Caen, 1852 ; in-8°.

MÉMOIRES DU CONSEIL D'HYGIÈNE DE LA GIRONDE. — *Des travaux faits sur les rizières de la Teste,* 1851 ; t. 1, p. 41.

§ V. — DRAINAGE.

Exposé des travaux de drainage, exécutés par M. Ch. De Brias, dans sa propriété du Taillan. — Divers rapports à ce sujet. — Bordeaux, 1854 ; in-4° ; 50 pages. — Indispensable à consulter.

De LA COLONGE et PETIT-LAFITTE.—*Rapport à l'Académie, sur les travaux de drainage du Taillan.* (Act. Ac., 1855, p. 161.)

§ VI. — MÉLANGES.

FAURÉ. — *Analyse chimique du Tuf* (alios) *des landes.* (Act. Ac. Sc., 1844.) — L'auteur a démontré que ce n'est pas un minerai de fer, mais bien un agrégat de sable siliceux agglutiné, d'un détritus végétal, et ce dépôt tufacé est très-nuisible à la végétation et favorise les eaux stagnantes.

BOTANIQUE.

De LIMBOURG. — Dissertation couronnée par l'Académie de Bordeaux, sur cette question : *Quelle est l'influence de l'air sur les végétaux ?* — Bordeaux, 1758 ; in-4°.

LATAPIE. — *Hortus Burdigalensis seu Catalog. omn. plantar. circa Burdigalensem.* — Burdig., 1784; in-12.

LATERRADE. — *Flore Bordelaise et de la Gironde.* — Bordeaux, la 1re éd. in-12 est de 1816; la 4e éd. est de 1846; le Supplément instructif et bien fait est de 1847. — Cet ouvrage consciencieux a inspiré le goût de la botanique dans la contrée.

Id. — *Des plantes des dunes de la Gironde.* (Act. Ac., 1851, p. 293-304.)

Id. — *Précis des travaux botaniques de la Société Linnéenne.* (Act. Soc. Lin., t. 12.)

BILLAUDEL. — *Mémoire sur les proportions relatives des espèces de plantes découvertes dans la région de la flore Bordelaise et groupées en familles naturelles.* (Act. id., 1825, t. 1, p. 12-247.)

DE GRATELOUP. — *Florula littoralis aquitanica,* etc. (Act. Soc. Lin., 1826-1827, t. 1, p 42 à 305.)

JOUANNET. — *Tableau du règne végétal de la Gironde.* (Stat., t. 1, p. 345-397.)

Id. —· *Des forêts, taillis, oseraies, pignadas.* (Ib., p. 283.)

CHANTELAT. — *Catalogue des plantes cryptogames et phanérogames des environs de la Teste.* — Tirage à part. — Bord., 1844; in-8o, et supplément de 1852. (Act. Soc. Lin., t. 13, p. 261, et t. 17, p. 437.)

DES MOULINS (Ch.) — *Trois Mémoires relatifs aux causes qui paraissent influer sur la croissance de certains végétaux dans des conditions déterminées, suivis d'un tableau sur la station minéralogique et géologique des plantes de la Gironde.* (Act. Soc. Lin., 1848, t. 15, p. 175 et p. 204 à 242.) — J'éprouve un sentiment bien doux en recommandant la lecture de ces mémoires fort remarquables, touchant les influences des terrains, et d'autres causes orographiques, géologiques et météorologiques, sur la végétation; de pareilles causes s'exerçant de la même façon à l'égard des Mollusques terrestres et fluviatiles.

Id. — *Phanérogames des haies, des murs, des chemins, des friches,* etc., *de la Gironde.* (Act. Soc. Lin., 1853, t. 19, p. 12.)

Id. — *Comparaison des départements de la Gironde et de la Dordogne, sous le rapport de leur végétation spontanée et de leurs cultures.* (Act. Ac. 1858, t. 20, p. 434-455.) — Ouvrage d'un véritable intérêt, qui conduit à la comparaison presque identique de la Faune malacologique des deux contrées.

DURIEU DE MAISONNEUVE. — *Notes détachées sur quelques plantes de la Flore de la Gironde.* (Act. Soc. Lin., 1855, t. 20, p. 1-83.) — Le savant professeur fait dans ce travail des réflexions d'un grand intérêt, à l'égard des cryptogames inférieures, des algues, des mucédinées, des lichens, des mousses, etc.

DELBOS. — *Recherches sur le mode de répartition des végétaux, dans le département de la Gironde, relativement à la nature géologique des terrains.* — Bordeaux, 1854; in-4°. — Je ne saurais assez citer cette excellente dissertation. Elle m'a été très-utile pour l'établissement des florules et des faunules, de la 1re partie de ce travail.

LESPINASSE. — *Compte-rendu, détaillé, de la 31e excursion de la Société Linnéenne de Bordeaux, accompagné de notes sur plusieurs plantes nouvelles ou rares, du département de la Gironde.* (Act. Soc. Lin.. 1848. t. 15, p. 243.) — Ce travail est très-utile à consulter.

ERRATA ET OMISSA.

Pages, lignes.

2, 3. — *Lisez* : « situé entre les 44° 9' et 45' latit. N. et entre 2° et 3° 34' longit. O.

2, 22. — *Lisez* : rive gauche.

12, 27. — *Lisez* : 28, 4 *au lieu de* 28, 0, 4.

14, 33. — *Lisez* : candidissima *au lieu de* cadidissima.

22, 31. — *Lisez* : nemoralis *au lieu de* memoralis.

38, 31. — *Lisez* : hypoxylées *au lieu de* d'hypoxilées.

72, après la 2e ligne, *ajoutez* : HAB. et STAT. presque partout dans la Gironde. Très-commune dans les allées du jardin de la mairie de Bordeaux; Avril, Mai.

118, 23. — *Lisez* : operculés *au lieu de* d'inoperculés.

48. Le 3e paragraphe doit être modifié ainsi :
« Riches en matière azotée, albuminoïde, etc. — plus » environ 50 p. 0/0 de carbone, tels que les gommes, les » fécules, les sucres divers, etc., plusieurs matières gras- » ses, et enfin parmi les éléments inorganiques, etc. »

56. Le paragraphe 15 doit être rédigé ainsi :
«.... Aux principes élémentaires azotés, tels que la ma- » tière albuminoïde qui affecte des formes très-variées, à » des matières non azotées, contenant de l'hydrogène, » de l'oxigène dans les proportions qui constituent l'eau » (*sucre, amidon, glucose*), à des matières grasses et » enfin à des matières inorganiques dans lesquelles se » trouve principalement l'élément calcaire qui sert à la » formation de la coquille. »

TABLE GÉNÉRALE DES MATIÈRES.

PREMIÈRE PARTIE.

SECONDE PARTIE.

FAUNE MALACOLOGIQUE SPÉCIALE GIRONDINE.

FIN.

Bordeaux. — Imprimerie de F. DEGRÉTEAU et Ce (Maison LAFARGUE),
rue Puits de Bagne-Cap, 8.

www.ingramcontent.com/pod-product-compliance
Lightning Source LLC
Chambersburg PA
CBHW072309210326
41519CB00057B/3115